CG Pro Insights

マヤ道!! THE ROAD OF MAYA

Eske Yoshinob 著

Born Digital, Inc.

はじめに

「マヤ道!!：THE ROAD OF MAYA」という、怪しいタイトルのマンガをご購入くださった、皆様の勇気と心の広さに感謝致します。

本書は技術書です(笑)

さて、最初にリグについての本を書いて欲しいというお話をもらった時は、何をどう書くべきか実に迷いました。

「これから本格的に3DCGを始める人に役立つ本にしたい」というお話でしたが、具体的にどんな本にしたらよいものか、なかなか考えがまとまりません。

小生の過去の経験からすると、技術書は読んでいても眠くなってなかなか先に読み進められなかったり、意味が分からなくて途中で読むのをやめてしまったりすることが多かったのです。

ある程度知識がある状態で読むと、非常に助けになるいい本は沢山あります。しかしどうしても最初の敷居が高いと感じてしまいます。

書くならば「サクサク読める技術書」を目指したい。役に立つ内容でも読んでもらえなければ何にもならない、と考えたのです。

ではどうすれば良いのか？

「ならば、マンガにしよう！」

マンガなら絵が必ず付いているし、読み慣れている人も多いからサクサクと読み進められるはずだという単純な理由にはじまり、マンガの特性上、登場人物が必要になるから生徒役を配置する事で、初心者がつまずきやすいポイントもうまく説明できるだろうとも考えました。

今回、マンガで技術解説の本を書くことになったのは、このような次第です。
(本当はただ単にマンガを描きたかっただけと言うのは内緒)

本書を書く上での第一の目標は、兎にも角にも、最後まで読んでもらうこと。そして、Mayaという「道具」を使う上で「こういう理屈があって動いている」ことを知ってもらおうということが第二の目標でした。

本書では、リグの実践的なノウハウを学習する前に知っておいて欲しいことをまとめました。操作手順を覚え、経験を積むことも大事ですが、理屈を知らずにオペレーションを覚えてもなかなか理解が深まらないと思うからです。

「これからリグを始めよう」という方はもちろんのこと、「Mayaを一通り使えているけれど、もっと詳しくMayaの仕組みを知りたい」という方にも是非読んで頂きたいと思っております。

多少分らなくても、まずは読み進めてみて下さい。こんなエピソードがあったという事が記憶の片隅にでもあれば、後で何かトラブルがあった時や技術的に困った時に読み返して、解決の糸口となるやも知れません。

本書がMayaでの制作の助けに少しでもなれれば幸いです。

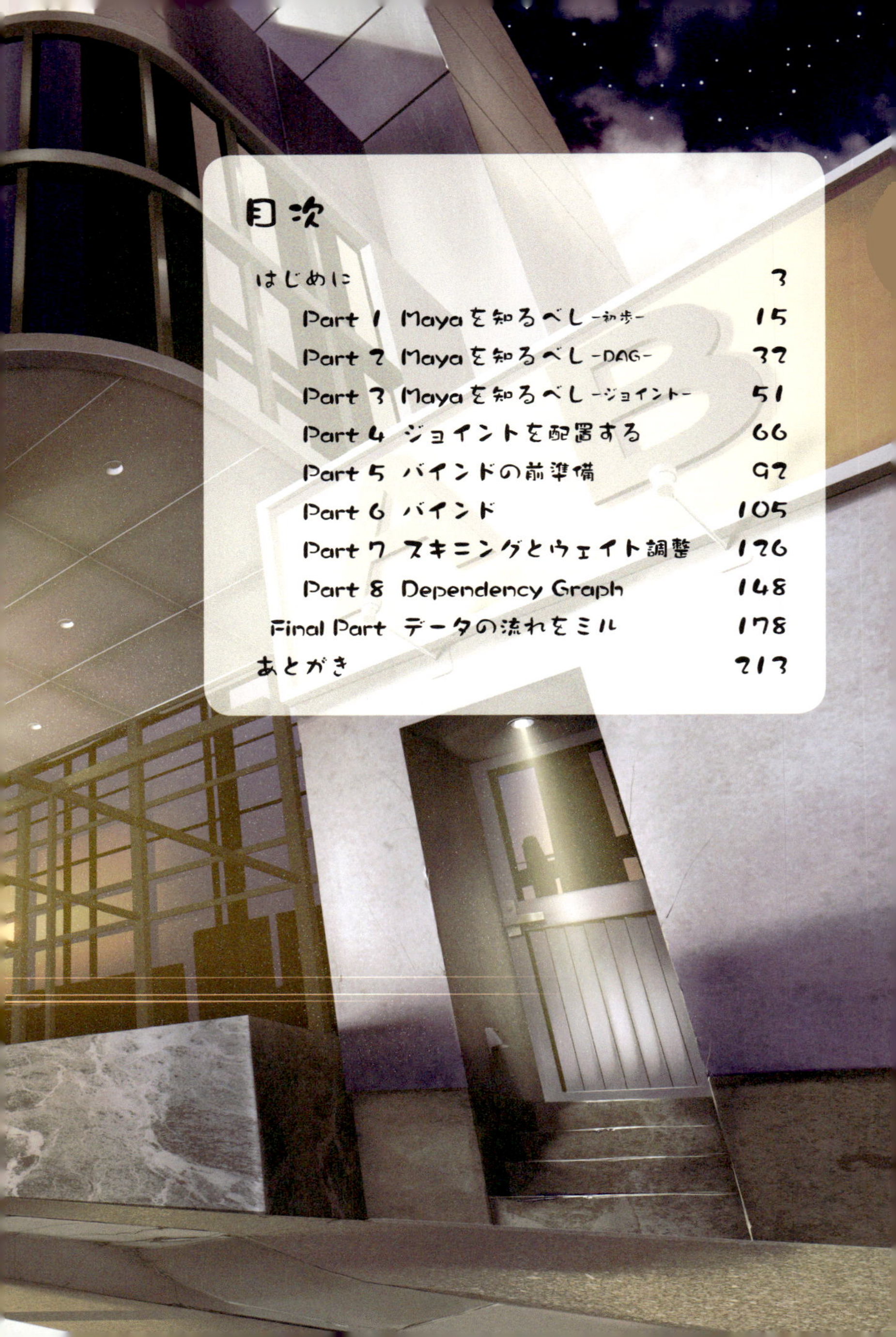

目次

はじめに 3

Part 1 Mayaを知るべし -初歩- 15

Part 2 Mayaを知るべし -DAG- 32

Part 3 Mayaを知るべし -ジョイント- 51

Part 4 ジョイントを配置する 66

Part 5 バインドの前準備 92

Part 6 バインド 105

Part 7 スキニングとウェイト調整 126

Part 8 Dependency Graph 148

Final Part データの流れをミル 178

あとがき 213

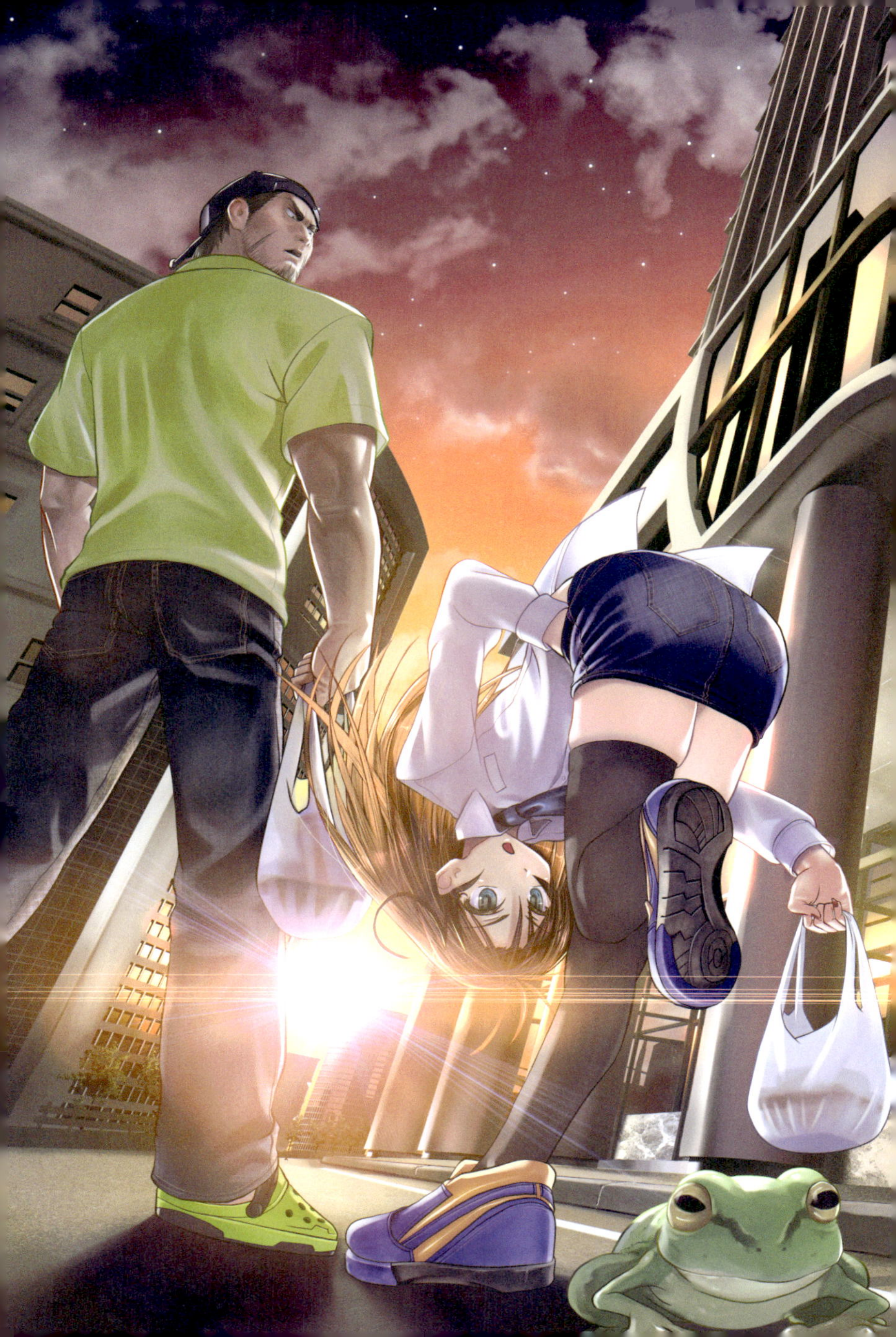

THE ROAD OF MAYA

ここはとある大手CGスタジオ――
――の隣にある小さなCG会社のお話
ABCG
STUDIO
入口
私の名前は寺堂木まあや
この会社で新人のモデラーをやっているのですが・・・
入口
ボスーっ!!

ボスー！
モデル出来ました～！
クルっ
うい～お疲れ！
データをクリーンナップしてサーバーに上げときましたんで確認をお願いしまーす
お～感心感心
じゃあちょっくらチェックするか
どれどれ

うむ
前に言ったところは
ちゃんと直したな
カチ
カチ
割りも
大丈夫だろう
よし
これで
モデリングは
オケーだな
クルッ
ありがとう
ございまーす!
さ〜て
無事終わったし
最近は帰りが遅かったから
今日はちょっぴり早く
帰っちゃおっかな〜♪
フッフッフッ・・・
んんんううう〜ん
これは・・・
・・・
な・・・
何かありました
・・・?

フリーズがかかってないオブジェクトがある
う…
フリーズはかかっていたがピボットが0になっていない
フルフル
名前かぶりがあった
しまった
頂点の数値が0になっていない
データを出す前には入念にチェックしろってあれだけ言っただろうぉぉぉがぁぁぁっ!!
スンマセン
スンマセン
スンマしぇぇぇん
チェックツールは用意した!
Data Checker
Naming Rules
出す前には指差し確認しろと教えたはず!
なのに…
なのに…

どっかーん
何故それが出来んっ!?
ヒィイイイ
ジョボ〜ン
だ・・・・
だって・・・・
確かにフリーズはわかるんですけど
ピボット戻さなきゃいけないとか階層を決められたところに入れないとダメだとか
頂点の値?を0にしろとか・・・
そもそも頂点の値って何なん?
ちょっとルール多すぎません?
・・・
それもそうだな
なぬっ!?
あっさり認めおったっ!
ガ
よし!今日からまあやはリグをやれ
は〜い
えっ?

ええええええっ!?
まだワタシ新人だし
モデリングしか
やった事ないし・・・
リグとか覚えることメッチャ
多そうだし
チクチク面倒そうだし
ってかやりたくないし
チッチッチ
違う違う
モデリングしかやった事が
ないからこそリグをやるんだ
確かにルールは多い！
だが何故あんなにもルールが
決められているのか？
自身がリガーになって
初めて身を持って
覚える事が出来るんじゃ
ないかぁぁっ！
うぅ・・・
これからミッチリ
しごいてやるからな！
一緒に頑張ろう!!
こうして私は
リガー見習いとして
勉強する事になりました
入口
しかしその先に
待っていたものは・・・

PART 1

Mayaを知るべし ―初歩―

さて
これからリグを
やるにあたって
だが・・・
最初のステップは
やっぱり定番の
ジョイントですか?
それともいきなり
バインドとか?
メガネ着用
作業モード
ふ・・・
まぁ焦るな
う・・・
せまい・・・
最初のステップは
Mayaについて知る事
つまり・・・
す・・・
座学だ
めっちゃ嫌いな
ヤツですやん
ゲ

そう邪険にするな
確かにこう言ったロジックを
覚えるのを嫌うヤツは多いが
デザイナーと言えど
座学は必要だ
キャラモデラーが
人体の骨格を勉強する
必要があるように
コンポジッターが
レンズの原理を知る
必要があるようにな
だいたい自分が使ってる
ツールやその仕組を知らない
なんて普通ありえんぞ
ふぐの毒にあたる
理屈もわからん
ヤツが捌いたふぐ
料理なんて食えるか？
ふぐ食べた事
ないから
わかんないです
ま…
俺もないんだけどね…
まぁ兎に角！
今からMayaの基本を
ガッツリやってくぞぉっ!!
その基本とは
ずばりMayaの根幹と
なる概念・・・
DAG《ダグ》・・・
そして
DG《ディージー》だぁっ！
え？
何ソレ？
何かの
呪文？

いいか Mayaの仕組みを簡単に言うとな
アトリビュートと言うフラグを持つ様々な種類のノード郡が互いのアトリビュートを接続しあって情報のネットワークを作りそのフラグを経由してデータを加工しながら最終アウトプットをつくり上げるDGと呼ばれる横の繋がりと
空間上で位置情報と関係を保持する役割を持つ
によってシーンを構築して
スタイルを取る
シンプルだが堅牢な
によって大規模
ジェクトの
プラインとしても
うる非常にオープンな
タ構造を持
構造は持
ているのが
るようにな
ているのが
の一つである。
のおおおおお
いきなり長あああいいい・・・
はっはっは 悪い悪い♪
ハァハァ ゼイゼイ
まぁいきなり言うと難しそうだがひとつずつ潰していけば大した話じゃぁないぞ
実はMayaでは大別すると2つの概念しかない
それがさっき言ったDAGとDGだ
DAG
DG
DAG・・・
と DG・・・
うむ!
だがDAGとDGの話をする前に
覚えておかなくてはならない大事なキーワードが2つある
その2つとは「ノード」と「アトリビュート」だ!

ちょ・・・ちょっと待って下さいよぉ・・・
な・・・何か横文字が飛び交い過ぎて頭が付いてけないいんですが・・・
ん？そうか？
フム
まぁこれからノード、アトリビュートと順を追って説明して行くから焦らず聞け
まずMayaの仕組みの中で最小単位とも言えるもの
それがノードだ
NODE
ノード
最小単位・・・？
何か小難しい話な感じがプンプンしますねぇ～
小難しい？
いやいやいやいや
とんでもない！ノードはMayaをある程度使ってる人間にとっては至極簡単な話なんだぜ
例えばポリゴンでキューブを作ってみてくれ
？
こうですか？

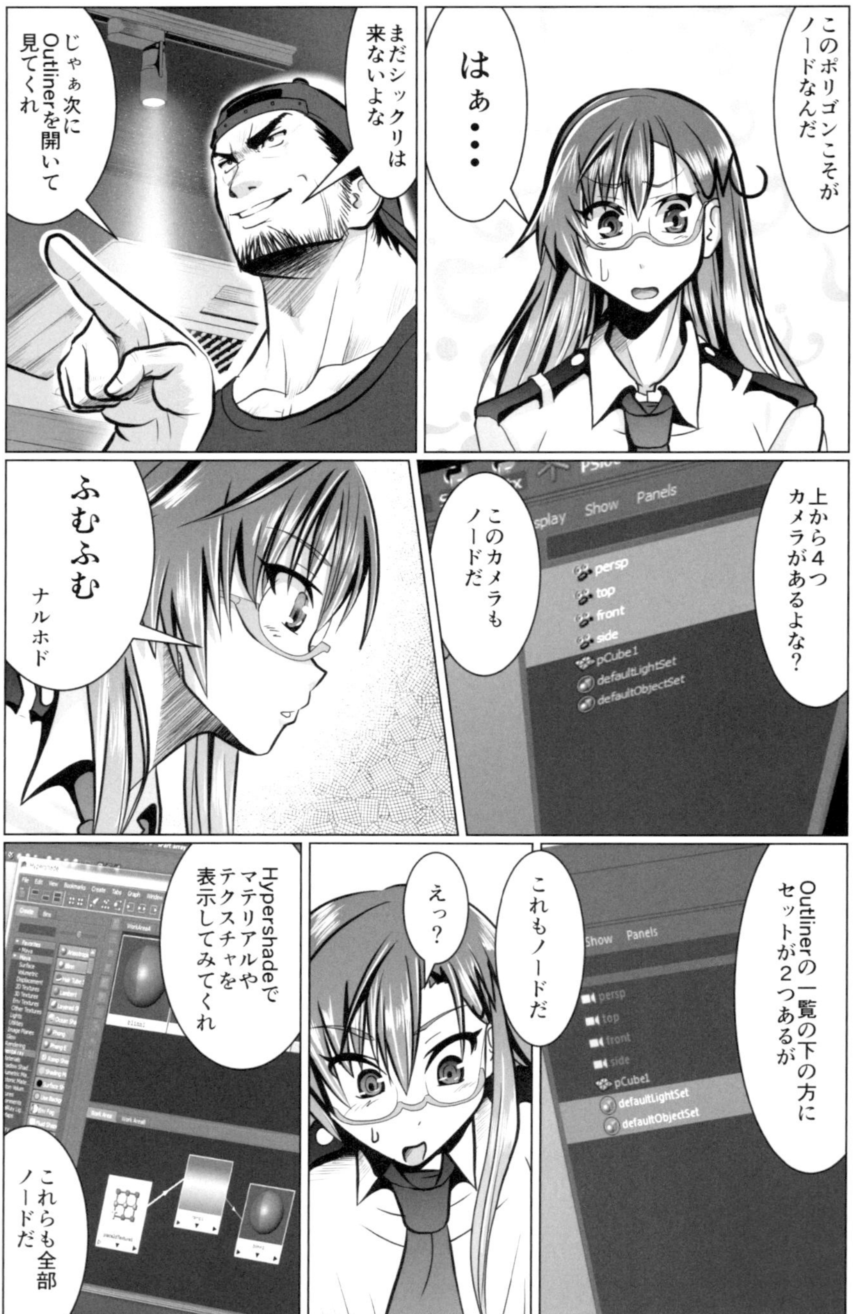
このポリゴンこそがノードなんだ
はぁ・・・
まだシックリは来ないよな
じゃぁ次にOutlinerを開いて見てくれ
上から4つカメラがあるよな?
このカメラもノードだ
Show
Panels
persp
top
front
side
pCube1
defaultLightSet
defaultObjectSet
ふむふむ
ナルホド
Outlinerの一覧の下の方にセットが2つあるが
Show
Panels
persp
top
front
side
pCube1
defaultLightSet
defaultObjectSet
これもノードだ
えっ?
Hypershadeでマテリアルやテクスチャを表示してみてくれ
これらも全部ノードだ

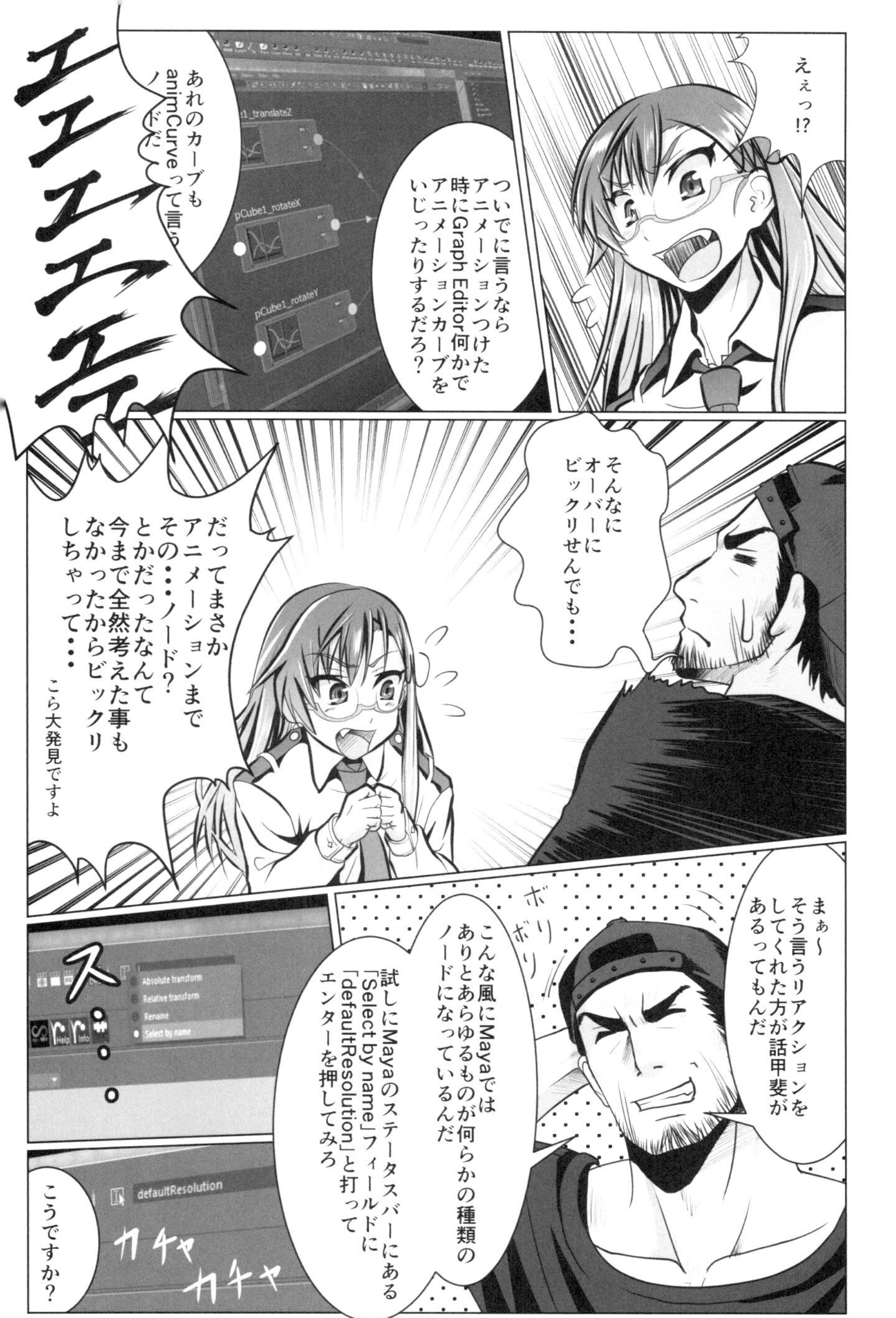
えぇっ!?
ついでに言うなら アニメーションつけた 時にGraph Editor何かで アニメーションカーブを いじったりするだろ?
e1_translateZ
pCube1_rotateX
pCube1_rotateY
あれのカーブも animCurveって言う ノードだ
エエエエエェ
そんなに オーバーに ビックリせんでも・・・
だってまさか アニメーションまで その・・・ノード? とかだったなんて 今まで全然考えた事も なかったからビックリ しちゃって・・・
こら大発見ですよ
まぁ～ そう言うリアクションを してくれた方が話甲斐が あるってもんだ
ボリ ボリ
こんな風にMayaでは ありとあらゆるものが何らかの種類の ノードになっているんだ
試しにMayaのステータスバーにある 「Select by name」フィールドに 「defaultResolution」と打って エンターを押してみろ
ス・・・
Absolute transform
Relative transform
Rename
Select by name
Help
Info
defaultResolution
カチャ カチャ
こうですか?

よしじゃあAttribute Editorを開いてみてくれ
defaultResolution
renderGlobalsList1
resolution: defaultResolution
Resolution Attributes
Aspect Lock
Width 960
Height 540
Lock Device Aspect
Device Aspect Ratio 1.778
Pixel Aspect Ratio 1.00
Fields None
Odd Field First
Zeroth Scanline At Top
Node Behavior
UUID
Extra Attributes
・・・?これは・・・?
何を隠そうこれはレンダリング解像度を指定するためのノードだ
普段はRender Settingsから解像度を操作していると思うが実は裏側ではこのdefaultResolutionノードを操作しているのだ
もちろん解像度だけではなくレンダリングの設定にもノードがある
それどころかレイヤーやさっきも説明したアニメーション
果てはアニメーション再生のフレーム管理までみんなノードになっている
はあぁぁ・・・そんなモノまで
そして各ノードにはそれぞれパラメータがあるだろ?
pCube1
Translate X 0
Translate Y 0
Translate Z 0
Rotate X 0
Rotate Y 0
Rotate Z 0
Scale X 1
Scale Y 1
Scale Z 1
Visibility
これをMayaではアトリビュートと呼ぶんだ
シーンを構成するパーツとなる「ノード」そしてそのノードのパラメータとも言える「アトリビュート」
まずはこの2つを覚えてくれ
NODE
■Attribute
•translate
•rotate
•scale
•shear
•••

かなり乱暴な言い方をすれば
ノードとはAttribute Editorで
編集できるヤツだと思っておけば
ほぼ間違いない
フム
フム
ノードとアトリビュートについてある程度分かったところで次はいよいよ
DAGだ
DAGとはDirected Acyclic Graphの略で日本語では有向非循環グラフと呼ぶ
DAG
Directed Acyclic Graph
非循環の名の通りDAGでは循環しない
ってヲイなんか煙吐いてるぞ
今みたいに硬い説明をするとややこしいんだが
コレは要は親子関係の事だったりする
え？
親子関係ってあのよくペアレントとかやるアレですかっ!?
そゆこと親子関係ってのは親と子の関係が循環しないだろ？だから非循環グラフでDAG

くっ！厨二な名前つけやがって紛らわしいっ！
はじめから「親子関係だよ♥」って言っときゃすぐ分かったのに！
DAG
おいおい単語に当たるなよ
とりあえずDAGの概念については今はこれで説明を終える！
へぇ～単語から漂う難しそうオーラと違って
結構簡単だったんですねDAGって
フッフッフッ・・・
サッ
な・・・何ですかその不気味な笑いは・・・？
確かにDAGの概念だけ聞けば非常に簡単！
シンプルで分かり易い
だがしかしっっ!!!
リガーたるものそれだけと言う訳にはいくまいっ！

概念だけでなく
その仕組みを
理解してこそなんぼ!
特に
DAGの中でも
transformノードとjointノードに
まつわる話は非常に奥深い
こうやって概念を知り
その仕組みを一つ一つ
紐解いていく・・・
これこそ
一大スペクタクル
ロマンなんDA☆
へー(棒)
要は
チャーケンの
ナレーションを
やりたかったんですね
ま・・・まぁこの話は
後でもっと
掘り下げよう
もう1つのキーワード
「DG」は普段ではちょっと
馴染みが少ないからもう少し
詳しく説明するぞ
さっき
ノードについて
話した時
ノードのパラメータの
事をアトリビュートと
呼ぶと言ったが
このアトリビュートは
他のアトリビュートに
接続する事が出来るんだ
ども~
ヨロシク
ニキー
この繋がりの事を
DGと呼ぶ

アトリビュートの
繋がり・・・?
どうでもいいけど何でそんなドラマティックな感じなの?
いやぁなんかそろそろ絵が持たなくなってきたと言うか・・・笑
まぁいいやとりあえずConnection Editor開いて
ビクッ
うげっ!
私アレ何か苦手なんですよねぇ~
謎のリストがブワァって出てきて見てて威圧感があると言うかなんと言うか・・・
まぁ確かに最初のとっつきの悪さはあるかな
だがあんなもん分かってしまえば大した事はないぜ
とりあえずポリスフィアとポリシリンダーを作って
Windows > General EditorsのConnection Editorを起動だ
は~い
シリンダーを選んでConnection EditorのReload Leftをクリック
次にスフィアを選んでReload Rightをクリックだ
Reload Right
Inputs
pSphere1
pCylinder1
Clear All
Remove
Close

うわぁ・・・やっぱりこのウインドウ苦手ですぅ・・・
カチカチ
フフ
因みにこのリストに載っているのは全てアトリビュートだ
えっ!! これ全部ですか!!?
ポリゴンのアトリビュートってtranslateとかrotateとかだけじゃ・・・
それはKeyableアトリビュート・・・つまりアニメーション可能なアトリビュートでしかない
ノードにもよるが実際にはこれだけ表には見えないアトリビュートが存在してるのさ
そして
左の欄からTranslateXを
右の欄からTranslateYを選択してみろ
それからシリンダーのTranslateXを動かすと・・・
・・・
あ! 何かスフィアが縦に動いた!
Hypergraphのコネクションの方を開いてみ?
う・・・ このウインドウは・・・

そう言わずに
pCylinderからpSphereに
繋がってる矢印の上で
マウスカーソルを止めてみろ
pSphere1
pCylinder1.translateX -> pSphere1.translateY
！
注釈みたいのが
出てきました
これを見ると
pCylinderのtranslateXから
pSphereのtranslateYに
繋がりが出来ているのが
わかるだろ？
pSphere1
pCylinder1.translateX -> pSphere1.translateY
この繋がりこそが
DG・・・
つまり
Dependency Graphだ
そしてこの繋がり・・・
今後はコネクションと呼ぶが
このコネクションを編集出来るのが
Connection Editor
そして流れを見る事が出来るのが
HypergraphのConnection
モードだ
ついでにpCylinderのtranslateXと
pSphereのtranslateYの値を
見比べてみるといい
Channels Edit Object Show
pCylinder1
Translate X 5.673
Translate Y 0
Translate Z 0
Rotate X 0
Rotate Y 0
Edit Object Show
pSphere1
Translate X 0
Translate Y 5.673
Translate Z 0
Rotate X 0
Rotate Y 0
あっ！
一緒だ!!?
アトリビュート間のコネクションと
言うと難しく聞こえるが
実際はこのように値を接続先に
渡しているに過ぎんのさ

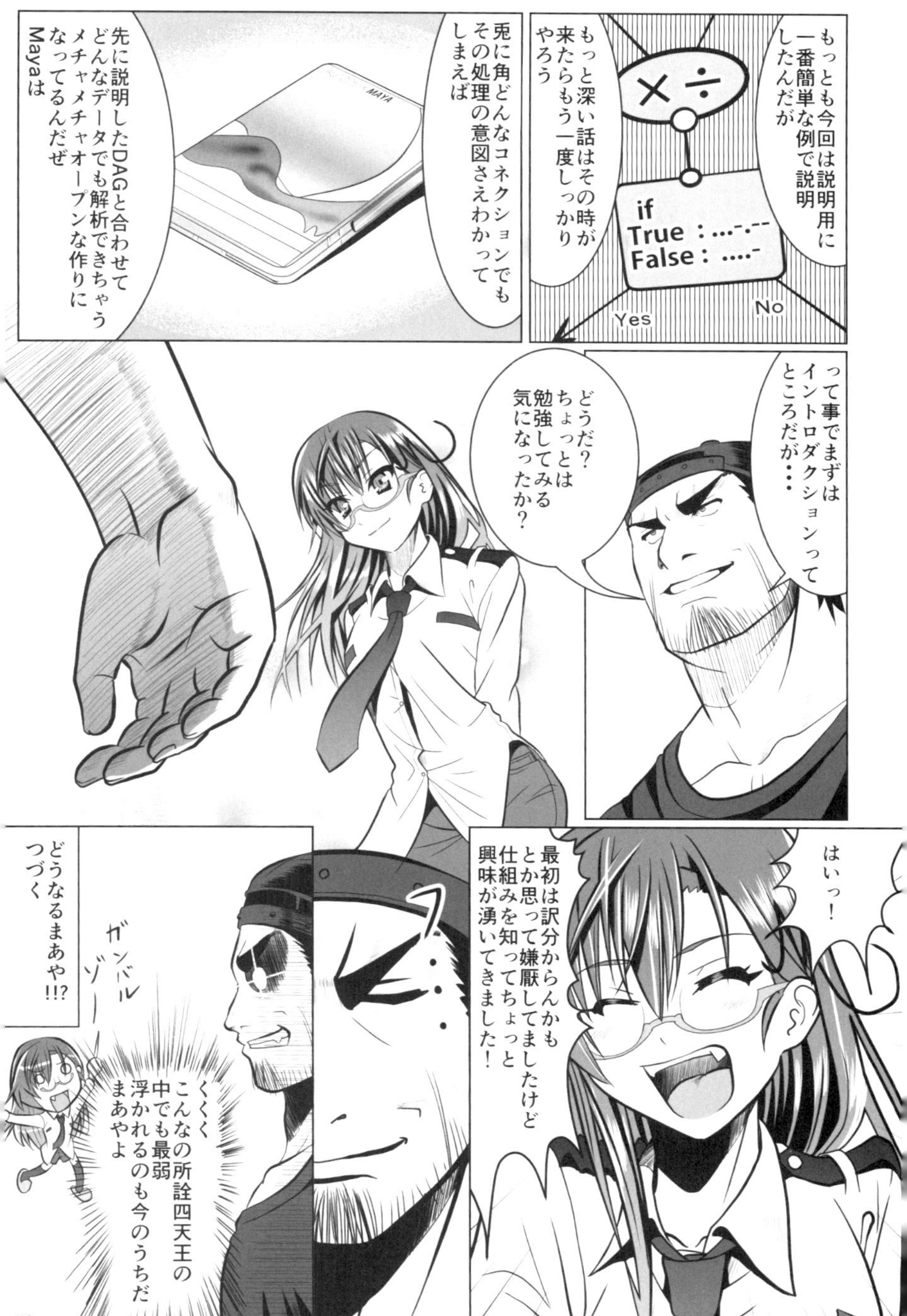
もっとも今回は説明用に一番簡単な例で説明したんだが
×　÷
if
True：…-.--
False：….-
Yes
No
もっと深い話はその時が来たらもう一度しっかりやろう
MAYA
兎に角どんなコネクションでもその処理の意図さえわかってしまえば
先に説明したDAGと合わせてどんなデータでも解析できちゃうメチャメチャオープンな作りになってるんだぜMayaは
って事でまずはイントロダクションってところだが・・・
どうだ？ちょっとは勉強してみる気になったか？
はいっ！
最初は訳分からんかもとか思って嫌厭してましたけど仕組みを知ってちょっと興味が湧いてきました！
くくく
こんなの所詮四天王の中でも最弱
浮かれるのも今のうちだ
まあやよ
ガンバルゾー
どうなるまあや!!?
つづく

なにナゼ？
ノードとアトリビュート

（まあや）　むぅぅ・・・
（ボス）　なんだ、何か腑に落ちない事でもあるのか？
（まあや）　Mayaは何でもノードになってて、それを操作すれば色んな事が出来るって
さっき言ってましたよね？
（ボス）　あぁ、言ってたな。
（まあや）　でもこれ・・・ 冷静に考えてみると、こんなん必要なくないですか？
（ボス）　ほう？
（まあや）　だって、レンダリングの設定をいじりたかったらRender Settingsを開けばいいし、
アニメーションを消したかったらGraph Editorとかを開いて、アニメーション
カーブを選択して消せばいいだけですよね？
（ボス）　ふむふむ。
（まあや）　さっきはボスのパフォーマンスに騙されましたけど、別にわざわざノードに
なってる必要ないですよね！
（ボス）　ふっふっふっふっふ。浅はかよのぉ。
（まあや）　！！？
（ボス）　確かにUIから操作するだけなら、別に必要性は感じないな。
だが、これをスクリプトから操作するとなるとどうだっっ！！？
（まあや）　（う・・・！ あんまり聞きたくなかった言葉）
（ボス）　今、あんまり聞きたくないと思っただろ？
だがまぁ、そう言わずに聞きたまえ、まあや君。
（まあや）　・・・
（ボス）　MayaはMELスクリプト、Pythonスクリプトによって操作する事が出来るのは
知ってるよな？
（まあや）　うぃ。
（ボス）　では試しにMELスクリプトでcubeのtranslateXを10にしてみよう。
そのスクリプトは以下の通りだ！

```
setAttr "cube.translateX" 10;
```

（ボス）　translateはアトリビュートだ。そしてあるノードのあるアトリビュートに
アクセスしたい場合はスクリプトでは

"ノード名.アトリビュート名"

と書けばいいんだ。
そのアトリビュートをセットするからsetAttr・・・ つまりSet Attributeの事
なんだが、このコマンドを使えばいい。
逆にtranslateXの値を取ってきたい場合はこんな感じだ。

```
getAttr "cube.translateX";
```

（ボス）　詳細については長くなるし、本質から外れるから今回は説明しないが、
こんな感じでセットしたりゲットしたりってのが簡単に出来るのだよ。

（まあや）　確かにコレを見るとちょっと簡単そうかも？

（ボス）　だろ？
では、今度はレンダリング解像度を設定したい場合はどうかな？

（まあや）　え!?　そんな突然言われましても・・・　どうすればいいんでしょ？

（ボス）　さっきノードの話で言ったろ？
レンダリング解像度を設定をするノードは・・・

（まあや）　あっ！　何だかレボリューション!!

（ボス）　defaultResolution な・・・
この defaultResolution ノードにはレンダリングの幅と高さの情報を持つ
width アトリビュートと height アトリビュートがある。
って事は・・・

（まあや）　!?
まさか、さっきの setAttr で・・・？

（ボス）　その通り!!　setAttr をこんなふうに使えば

```
setAttr "defaultResolution.width" 1920;
setAttr "defaultResolution.height" 1080;
```

（ボス）　これでフル HD のレンダリング設定の完了だ。

（まあや）　なるほどぉ、同じコマンドでキューブの移動もレンダリング解像度も
設定できちゃうわけですね～。

（ボス）　そゆこと。
こうやって規格を統一する事で、さまざまな操作を同じコマンドで達成する
事ができるのさ。
実際、ma ファイルの中身をよ～く見てみると、ほとんどが
createNode、setAttr、connectAttr
で構成されている事が分かるぞ。

（まあや）　へぇ～、そう言う事だったのかぁ～。

（ボス）　ま、実際にはこのコマンドだけじゃ生成するのが大変なんで、
それを補う便利なコマンドがいっぱいあるんだけどな。
あとは、規格が統一されているとルールが明快なんで、仕組みを知るのも
簡単になるな。トラブルが起こった時や、貰ったデータの解析をする時なんかも
推測を立てやすい。

（まあや）　よく考えられてますねー。

（ボス）　・・・
ホントはイマイチよく分かってないだろ？

（まあや）　!!!!!!
え、いやいや・・・　そんな・・・　ちゃんと分かってますよぉ。

（ボス）　まぁいい、これからたっぷりそこら辺も勉強していこうな！

（まあや）　うぐぅ・・・　勉強は嫌ぁぁ・・・

PART 2

Mayaを知るべし -DAG-

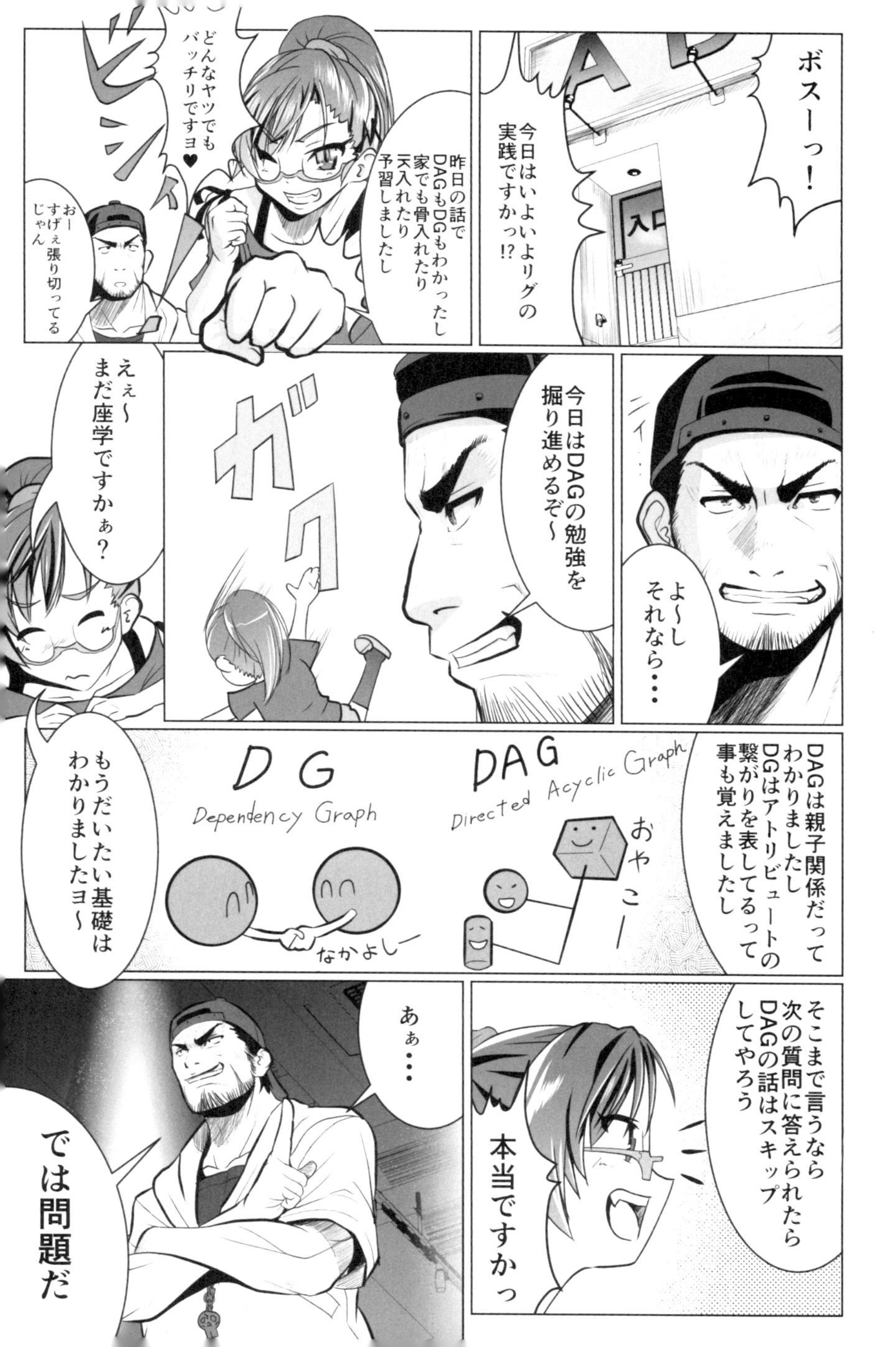
ボスーっ!
今日はいよいよリグの実践ですかっ!?
昨日の話でDAGもDGもわかったし家でも骨入れたりIK入れたり予習しましたし
どんなヤツでもバッチリですヨ♥
ビシィ
おー すげぇ張り切ってるじゃん
ニィ…
よ〜し それなら・・・
今日はDAGの勉強を掘り進めるぞ〜
ガク
えぇ〜 まだ座学ですかぁ?
DAGは親子関係だってわかりましたしDGはアトリビュートの繋がりを表してるって事も覚えましたし
DG
Dependency Graph
なかよしー
DAG
Directed Acyclic Graph
おやこー
もうだいたい基礎はわかりましたヨ〜
そこまで言うなら次の質問に答えられたらDAGの話はスキップしてやろう
本当ですかっ
あぁ・・・
では問題だ

ポリゴンオブジェクト、ライト、ロケーター それにカメラ みんな同じように translateや rotateアトリビュートを 持ってるよな?
translate
rotate
scale
visibility
その理由を 答えよ
え・・・? なんでって・・・ 言われても・・・
ってかソレって DAGと関係 ないじゃないですかー
くっくっくっ コレがわからない ようじゃぁDAGを 分かってるとは 言えんなぁ
これからたっぷり DAGについてお勉強 しようじゃねぇか まあやちゃんよぉ♪
くう・・・
まぁそんなに 嫌がりなさんな
す・・・
話を聞けば意外と 目からウロコで 面白いもんだぜ
さっき言った4種のオブジェクトをOutlinerで 見てみるとアイコンは みんなバラバラだよな?
そうですね
ここで OutlinerでShow Shapesの チェックを オンにすると・・・
Show DAG Objects Only
Show Shapes
Show Reference Nodes
Show Reference Members
Show Attributes
Show Set Members
Show Connected
Show Namespaces
Ignore 'Hidden In Outliner'
Ignore 'Use Outliner Color'
Display Show Panels
persp
top
front
side
pSphere1
directionalLi
camera1
locator1
defaultLigh
defaultObj
あっ! +マーク がついた
+が ついてるって 事は・・・
当然親子に なってるって ことだ
pSphere1
cameraShap
locatorShape1
defaultLightSet

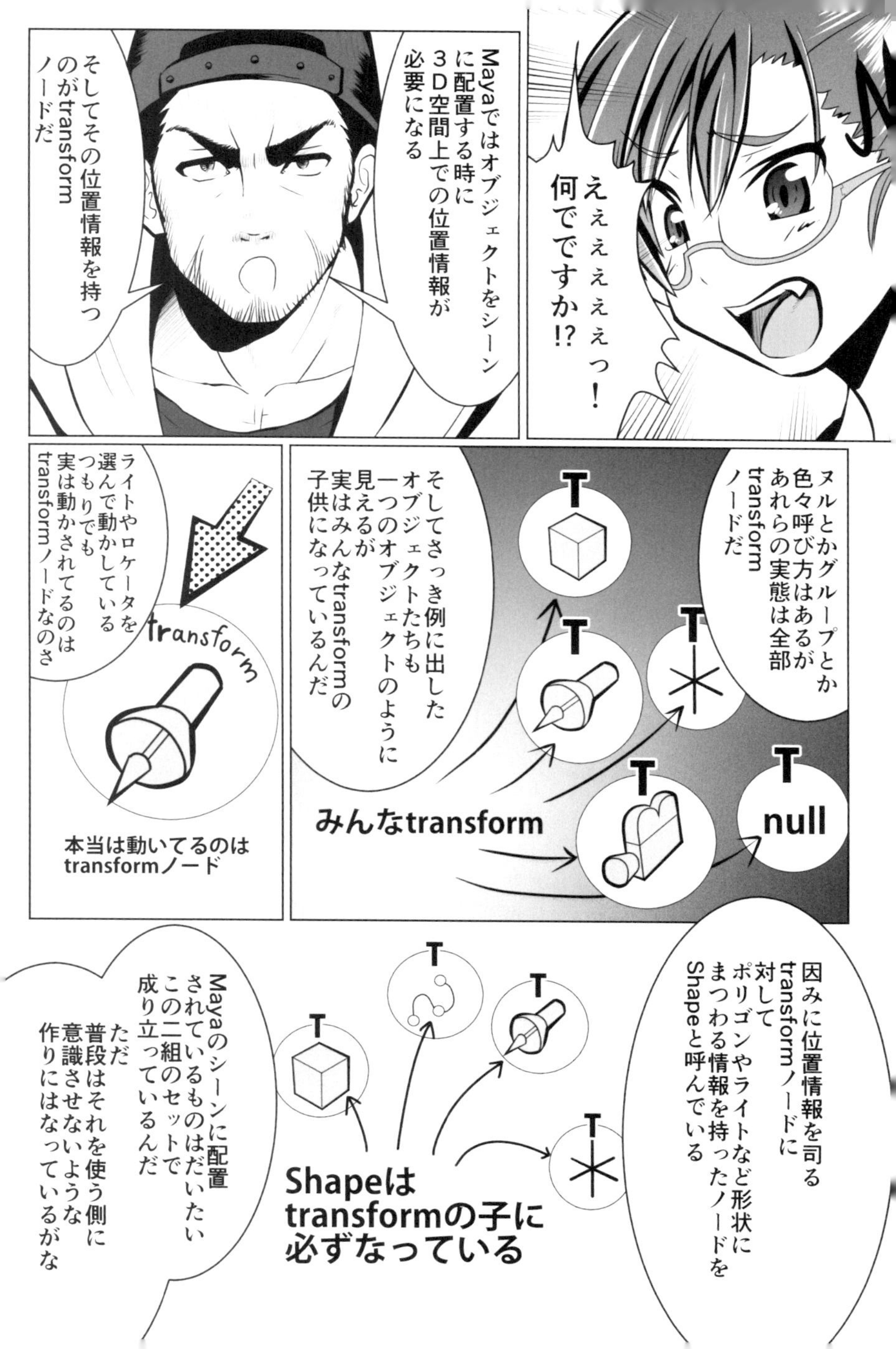
えぇぇぇぇぇっ！
何でですか!?
Mayaではオブジェクトをシーンに配置する時に3D空間上での位置情報が必要になる
そしてその位置情報を持つのがtransformノードだ
ヌルとかグループとか色々呼び方はあるがあれらの実態は全部transformノードだ
そしてさっき例に出したオブジェクトたちも一つのオブジェクトのように見えるが実はみんなtransformの子供になっているんだ
みんなtransform
null
ライトやロケータを選んで動かしているつもりでも実は動かされてるのはtransformノードなのさ
transform
本当は動いてるのはtransformノード
因みに位置情報を司るtransformノードに対してポリゴンやライトなど形状にまつわる情報を持ったノードをShapeと呼んでいる
Shapeはtransformの子に必ずなっている
Mayaのシーンに配置されているものはだいたいこの二組のセットで成り立っているんだ
ただ普段はそれを使う側に意識させないような作りにはなっているがな

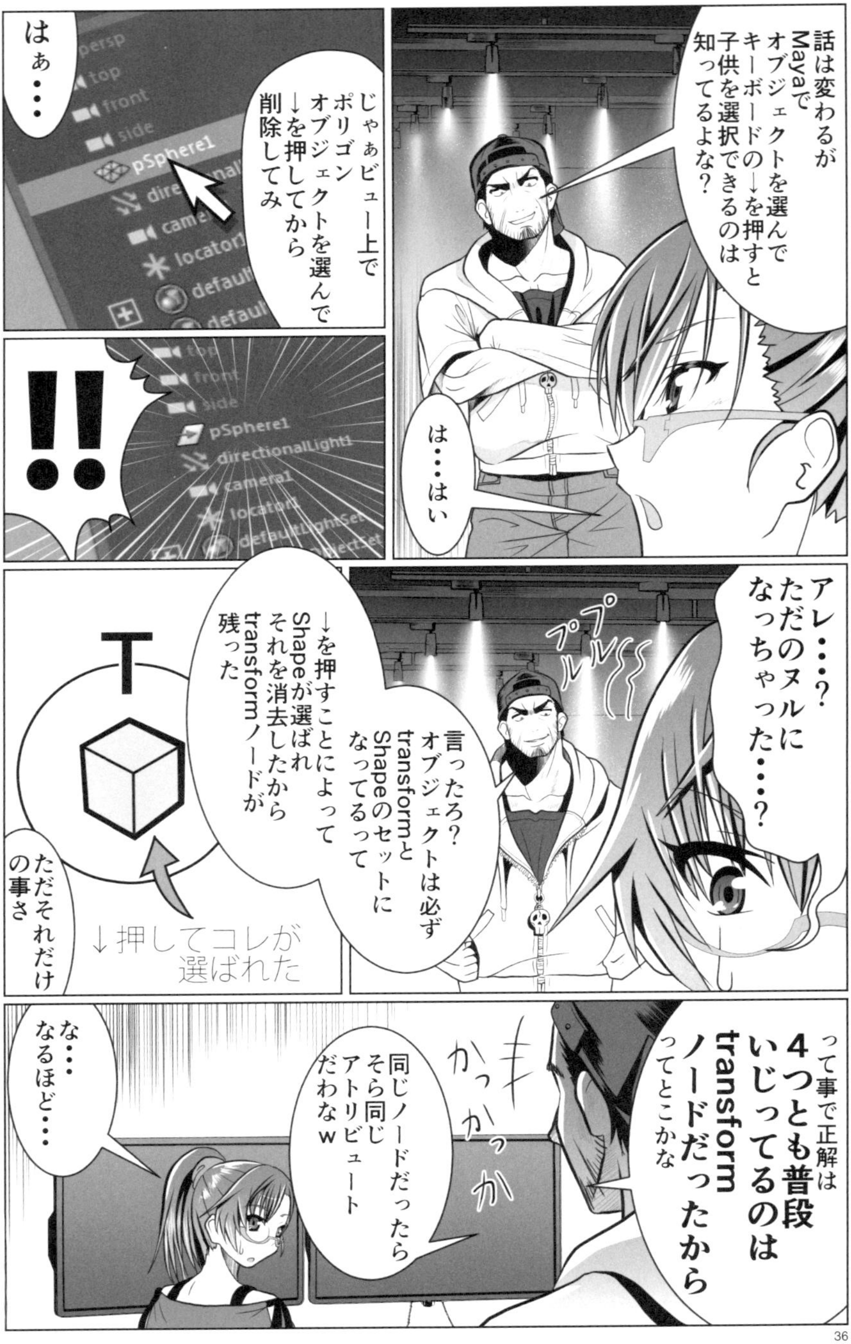
話は変わるが
Mayaで
オブジェクトを選んで
キーボードの↓を押すと
子供を選択できるのは
知ってるよな?
は・・・はい
じゃぁビュー上で
ポリゴン
オブジェクトを選んで
↓を押してから
削除してみ
persp
top
front
side
pSphere1
はぁ・・・
top
front
side
pSphere1
directionalLight1
camera1
locator1
defaultLightSet
!!
アレ・・・?
ただのヌルに
なっちゃった・・・?
プルプル
言ったろ?
オブジェクトは必ず
transformと
Shapeのセットに
なってるって
↓を押すことによって
Shapeが選ばれ
それを消去したから
transformノードが
残った
T
↓押してコレが
選ばれた
ただそれだけ
の事さ
って事で正解は
4つとも普段
いじってるのは
transform
ノードだったから
ってとこかな
かっかっか
同じノードだったら
そら同じ
アトリビュート
だわなw
な・・・
なるほど・・・

さて！transformノードの重要性がわかったところでもっと深くこのノードについて教えてくぞ!!
あ・・・やっぱりやるんですね・・・
モチロン！
transformはDAGの基本だからな！
は〜い
じゃぁまずは基本のアトリビュートtranslate rotate scaleあたりから説明して行こう
Object
Show
Translate X 0
Translate Y 0
Translate Z 0
Rotate X 0
Rotate Y 0
Rotate Z 0
Scale X 1
Scale Y 1
Scale Z 1
Visibility on
これらアトリビュートの値は**親からの相対位置**を表してるんだ
相対位置・・・
ですか？
そうだ相対位置・・・つまり親からどれだけ動いているか？
原点
親の位置
コレだけ動いたヨ
それを表しているのがこれらのアトリビュートだ
重要だから2回言ったぞ

例えば毎度お馴染みポリゴンキューブを作ってそれをグループ化してくれ
はい
そしてそのグループを移動する
その後ポリゴンキューブのtranslateの値を見てみると・・・
初期値のままですね
Channel Box / Layer Editor
Channels Edit Object Show
group1
Translate X 4.258
Translate Y 9.008
Translate Z -11.206
Rotate X 0
Rotate Y 0
Rotate Z 0
Scale X 1
親
Channels Edit Object Show
pCube1
Translate X 0
Translate Y 0
Translate Z 0
Rotate X 0
Rotate Y 0
Rotate Z 0
Scale X 1
Scale Y 1
Scale Z 1
Visibility on
子供
変わってない
まぁこれは何となく体感的に分かってる事かもしれんが親が動いても子供の値に変化はない
この事からもtranslateなどの値が親からの相対値を表している事がわかる
さらにこの特性を使うとこんな事もできる
今度はポリゴンのシリンダーでも作ってみるべ
は〜い
出来ました!
よしそしたらそれをさっきのグループにペアレント化し
side
group1
pCube1
pCylinder1
defaultLightSet
defaultObjectSet
Edit Object
Translate X 0
Translate Y 0
Translate Z 0
translateの値を全部0にすると・・・
ピタ!
あっ!?

ピッタリくっつい
ちゃった・・・
理屈は至って
簡単!!
親からの位置が
両方共同じなんだから
位置もピッタリ同じに
なるわな
ナルホド・・・
う～ん
・・・
ポン!
ボスぅ!!
私いっこ気づい
ちゃいました～♪
何だ?
シリンダーを
動かしてから
フリーズすると・・・
Freeze Trasform
値は一緒なのに
位置が変わっちゃい
ますヨッ♥

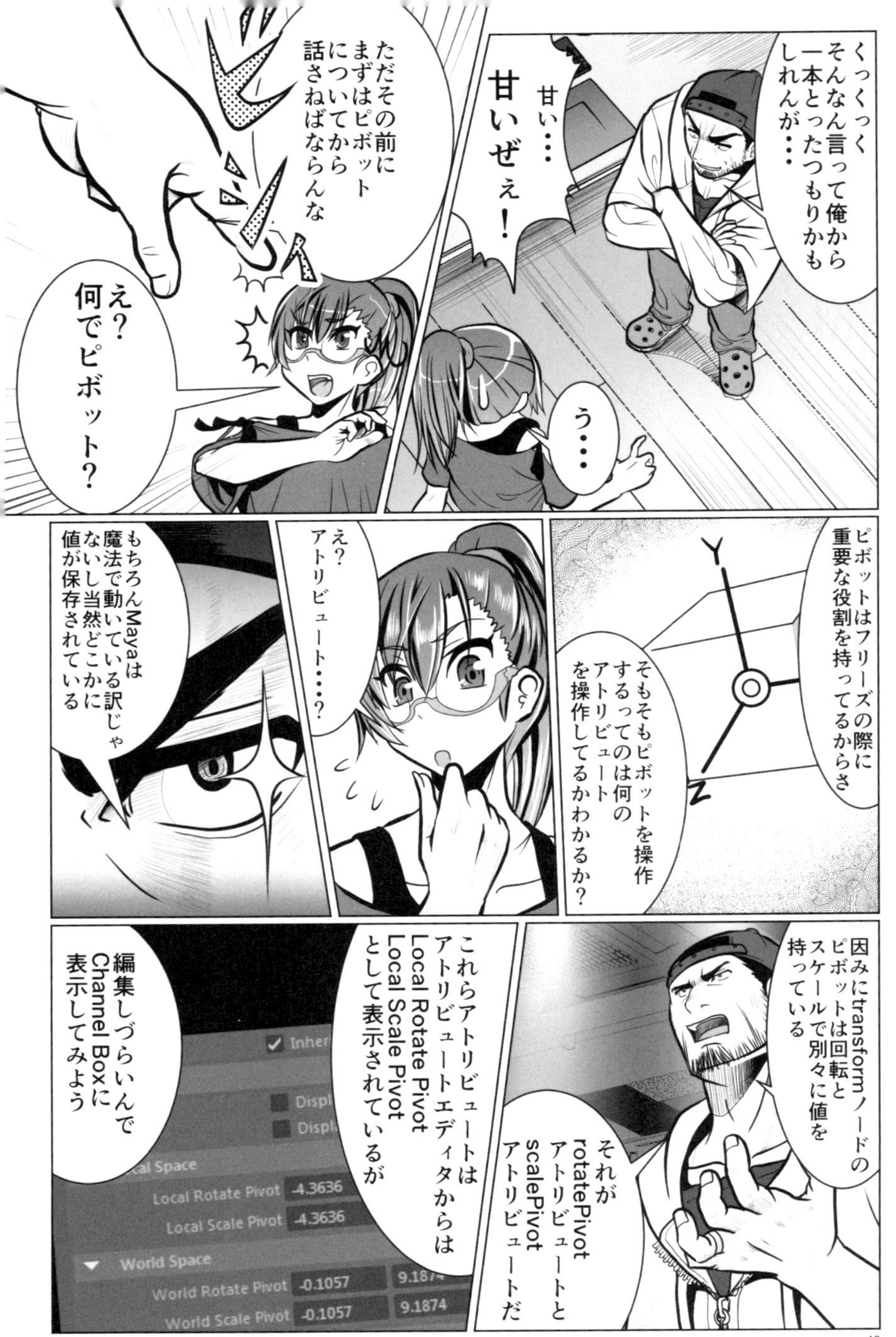
くっくっくそんなん言って俺から一本とったつもりかもしれんが・・・
甘い・・・
甘いぜぇ！
う・・・
ただその前にまずはピボットについてから話さねばならんな
え？何でピボット？
ピボットはフリーズの際に重要な役割を持ってるからさ
Y
Z
そもそもピボットを操作するってのは何のアトリビュートを操作してるかわかるか？
え？アトリビュート・・・？
もちろんMayaは魔法で動いている訳じゃないし当然どこかに値が保存されている
因みにtransformノードのピボットは回転とスケールで別々に値を持っている
それがrotatePivotアトリビュートとscalePivotアトリビュートだ
これらアトリビュートはアトリビュートエディタからはLocal Rotate Pivot Local Scale Pivotとして表示されているが
編集しづらいんでChannel Boxに表示してみよう
Local Rotate Pivot -4.3636
Local Scale Pivot -4.3636
World Space
World Rotate Pivot -0.1057 9.1874
World Scale Pivot -0.1057 9.1874

Keyable
Nonkeyable Hidden
Rotate X
Rotate Y
Rotate Z
Scale X
Scale Y
Scale Z
Translate X
Override Shading
Override Texturing
Override Visibility
Rotate Axis X
Rotate Axis Y
Rotate Axis Z
Rotate Order
Rotate Pivot Translate X
Rotate Pivot Translate Y
Rotate Pivot Translate Z
Rotate Pivot X
Rotate Pivot Y
Rotate Pivot Z
Rotate Quaternion W
Rotate Quaternion X
Rotate Quaternion Y
Rotate Quaternion Z
Scale Pivot Translate X
Scale Pivot Translate Y
Scale Pivot Translate Z
Scale Pivot X
Scale Pivot Y
Scale Pivot Z
Select Handle X
Select Handle Y
Select Handle Z
Selection Child Highlighting
Shear XY
Shear XZ
Shear YZ
Show Manip Default
Template
Template Version
Ui Treatment
Use Object Color
Use Outliner Color
View Mode
Wire Color B
さっき作ったキューブとシリンダーを選択してからChannel ControlでRotate PivotとScale PivotのXYZを選んでKeyableに移動だ
うわぁ・・・なんかいっぱいありますね～
げんなり
Channel Boxに出てるのは全体のごく一部だけだからな
あっ！ピボットの値が全然違うぅ!!
Visibility on
Rotate Pivot X -4.364
Rotate Pivot Y 0.18
Rotate Pivot Z 9.564
Scale Pivot X -4.364
Scale Pivot Y 0.18
Scale Pivot Z 9.564
Translate X 0
Translate Y 0
Translate Z 0
Rotate X 0
Rotate Y 0
Rotate Z 0
Scale X 1
Scale Y 1
Scale Z 1
Visibility on
Rotate Pivot X 0
Rotate Pivot Y 0
Rotate Pivot Z 0
Scale Pivot X 0
Scale Pivot Y 0
Scale Pivot Z 0
SHAPES
pCubeShape1
試しにキューブのピボットを動かしてみてくれ
まだピボットが動いてない方ね
pCube1
Translate X 0
Translate Y 0
Translate Z 0
Rotate X 0
Rotate Y 0
Rotate Z 0
Scale X 1
Scale Y 1
Scale Z 1
Visibility on
Rotate Pivot X -1.144
Rotate Pivot Y 1.09
Rotate Pivot Z -0.09
Scale Pivot X -1.144
Scale Pivot Y 1.09
Scale Pivot Z -0.09
SHAPES
pCubeShape1
ピボットの数値が変わりましたね
でも・・・
どうしてオブジェクトをフリーズしたのにピボットの値が変わってるんですかね？

フッフッフ なかなかいい質問を するじゃないか
その理由を知るには フリーズの仕組みを 知るのが一番だな
フリーズと言うのは transformノードの translate、rotate、scale そして shear に対して行うが
Translate
Rotate
Scale
Shear
FReeeZ
そもそも translate 以外は状態を初期値に 戻しているだけなんだ
えぇぇぇぇっ!!
そんなバカな!?
だって シリンダーとか回してから フリーズかけたら ちゃんと傾いたままですよぉ?
ナナメ 向いたまんま～
確かに形状・・・ つまりシェイプに 対する結果だけ 見ればそんな風に 見えるが
transformノードに ついて言うならば さっき言ったように 初期状態に戻しているだけと 言っても過言じゃない
イマイチ しっくり 来ません・・・
その辺に関しては この後で別に解説する から安心しな

まぁ兎に角translate以外は初期値に戻ってるだけなんで説明は終わる
問題はtranslateだ
translateもまた初期値に戻るところまでは一緒なんだが
ヨロシクー
Trans
RP
SP
実はその時の値をさっき説明したrotatePivotとscalePivotに移しているんだ
ハーイ
試しにさっきのキューブのピボットの値を全部0にしてから
初期化!!
適当なところに移動してみよう そしてフリーズを行うと・・・
ホントだ! ピボットの方に値が移ってるっ!!
これがtransformノードに対するフリーズの仕組みだ
意外と中身は簡単だったろ?
確かにやってる事は思ったよりシンプルでしたし フリーズしたら何故ピボットの値が変わってるのかもわかりましたけど・・・
最初に言ったフリーズをかけたシリンダーとキューブがずれてる理由はわかりませんよ

あぁ その通り
今説明したのはあくまで 位置情報を持つ transformノードの話だ 形状であるシェイプに対しては また別の処理が行われている
因みに transformGeometry ノードって知ってるか？
と・・・ とらんすふぉーむじお・・・ 何とかですか？
そうそう モデラーなら よく目にしてるはず なんだがな～
え・・・？ 今までそんなモノ まったくお目にかかった 事ないですよ
じゃぁ試しに 作ってみるか！
やり方は実に簡単！ ポリゴンオブジェクト 作って動かして そしてフリーズ をかけるだけ！
えっ!? それだけですか？
でもこれじゃぁ 何も出来てないですよ
そう思うなら 今作った ポリゴンオブジェクトの ヒストリを見てみな

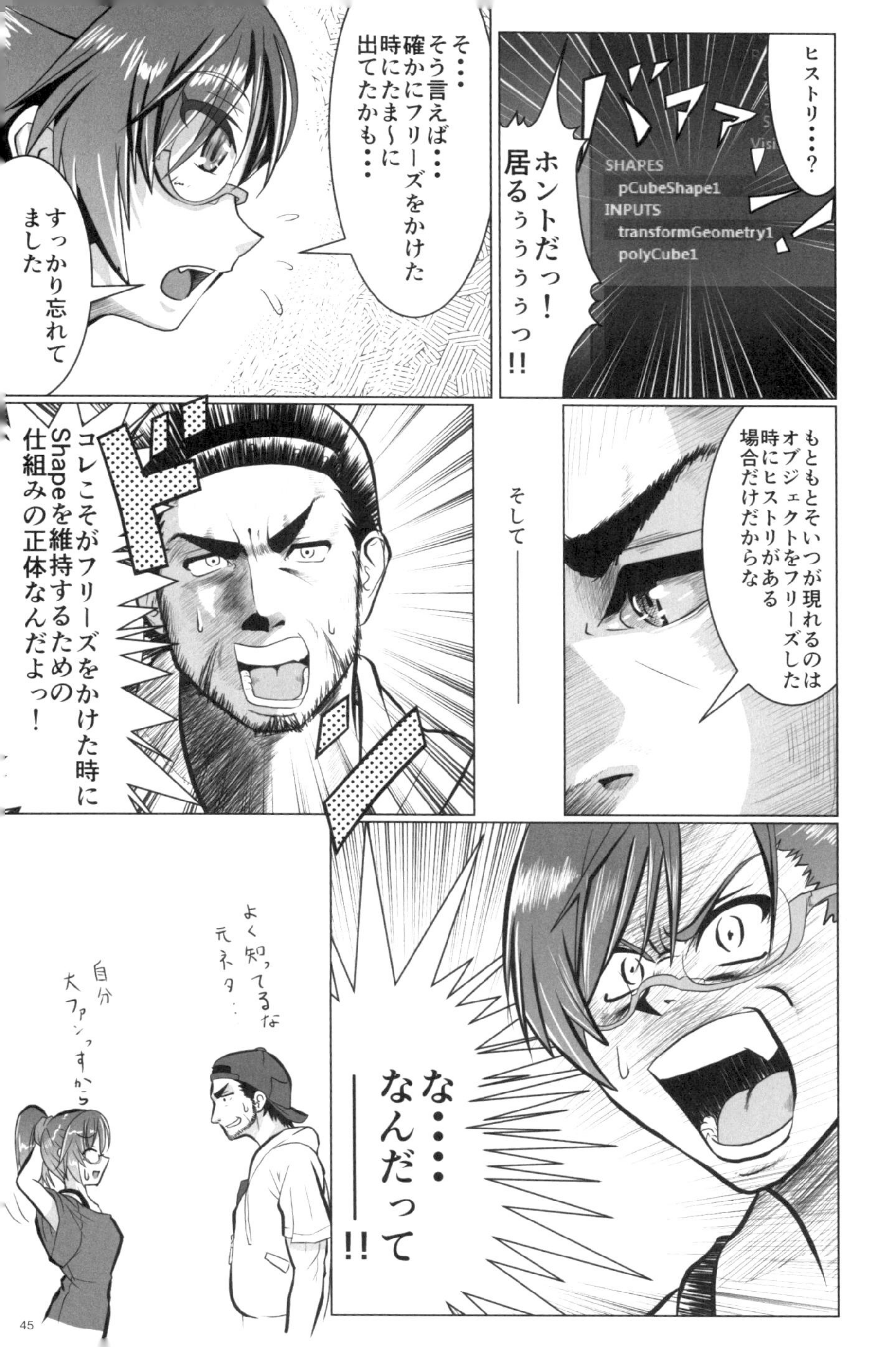
ヒストリ・・・?
バァア
SHAPES
pCubeShape1
INPUTS
transformGeometry1
polyCube1
ホントだっ! 居るぅぅぅぅっ!!
そ・・・
そう言えば・・・
確かにフリーズをかけた
時にたま～に
出てたかも・・・
すっかり忘れてました
もともとそいつが現れるのは
オブジェクトをフリーズした
時にヒストリがある
場合だけだからな
そして――
ド
コレこそがフリーズをかけた時に
Shapeを維持するための
仕組みの正体なんだよっ!
な・・・
なんだって――!!
よく知ってるな 元ネタ・・
自分 大ファンっすから

気をとり直して
試しにそのtransformGeometry1を消してみよう
はいっ!
transformGeometry1
UV
Hair
CTM
MRTex
Array
Channel Box / Layer Editor
「Select by name」に名前を入れてEnterを押して選択
そして削除・・・と
カチ
原点に戻ったっ!?
ピタッ
どして・・・?
このtransformGeometryとは名前の通り
ジオメトリをトランスフォームつまり変形させるためのノードなんだ
transform
ノード
は変わらない
回転
移動
ここで言う変形とはtranslateやrotateみたいな移動回転を指す

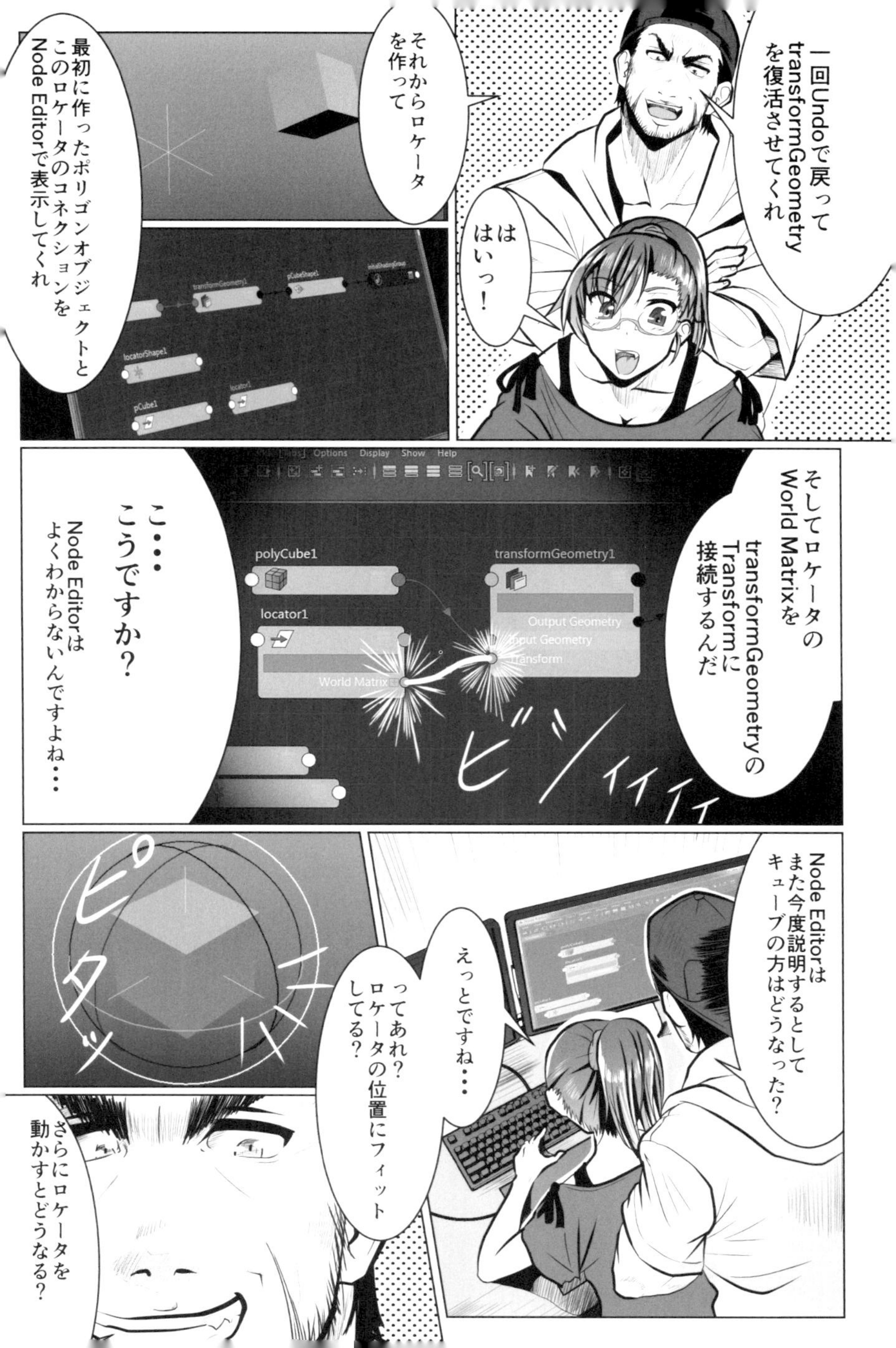
一回Undoで戻って
transformGeometryを復活させてくれ
は
はいっ！
それからロケータを作って
最初に作ったポリゴンオブジェクトとこのロケータのコネクションをNode Editorで表示してくれ
transformGeometry1
pCubeShape1
locatorShape1
locator1
pCube1
そしてロケータのWorld Matrixを
transformGeometryのTransformに接続するんだ
Options Display Show Help
polyCube1
transformGeometry1
locator1
Output Geometry
Input Geometry
Transform
World Matrix
ビシィィィィ
こ・・・こうですか？
Node Editorはよくわからないんですよね・・・
Node Editorはまた今度説明するとしてキューブの方はどうなった？
えっとですね・・・
ってあれ？ロケータの位置にフィットしてる？
ピタッ
さらにロケータを動かすとどうなる？

なんかコンストレインしてるみたいについて来ますね・・・
そうだろう～しかしポリゴンオブジェクトのtranslateとか見てみると?
Channel Box / Layer Editor
Channels Edit Object Show
pCube1
Translate X 0
Translate Y 0
Translate Z 0
Rotate X 0
Rotate Y 0
Rotate Z 0
Scale X 1
Scale Y 1
Scale Z 1
Visibility on
SHAPES
pCubeShape1
INPUTS
transformGeometry1
polyCube1
OUTPUTS
MayaNodeEditorSavedTabsInfo
あれれ全部初期値のままだ!?
これで何となくわかったかな?
transformGeometryは受け取った変形情報をもとにあたかも移動や回転をかけているようにジオメトリを変形させるノードだって事
ホントになんとなくですけどわかった気がします
さて話は戻ってフリーズについてだが
フリーズするとtransformノードは初期状態に戻るだけと言っただろ?
その代わりこのtransformGeometryノードが元の位置をキープするようtransformノードが移動した分だけShapeに対して逆変形をかけてるんだ
トランスフォームジオメトリ
Keep
元の位置
Transform
トランスフォームは初期状態の位置に移動

その証拠にロケータをフリーズしても位置だけはキープされるがそれ以外は初期状態に戻ってしまう
ロケータなどは
元どーり
これはMayaがtranslateだけはロケータのlocal Translateに値を移しているがそれ以外は何もしていないからなんだ
これでフリーズをかけたらジオメトリが"見かけ上"ずれて見える理由は分かったかな?
ふ・・・深い・・・
トランスフォームノードの話だけのはずなのに深すぎる・・・
ペラペーラ
ペラペーラ
まだまだボスは話す気満々だしあたしちゃんとついてけるんかしら・・・?
あ・・・そう言えば・・・
ちょっと質問なんですけど

おぉっ！
どうした～？
以前DG・・・つまりコネクションについて説明を聞いたとき
アトリビュートの値を接続先に渡してるだけだっておっしゃってましたよね？
おお
確かにしたな！
では今回ロケータからtransformGeometryにアトリビュートを接続したときは何故translateやrotateではなくて
ワールド・・・マトリックス？でしたっけ？から接続したんですか？
ふっ
いい質問をするじゃねぇか～
確かに移動や回転なんかはtranslateやrotateなんかのアトリビュートで表されるが
実は内部で計算する時はマトリクス・・・和名で言うなら行列を使って計算しているんだ
聞くんじゃなかった・・・
ひょっとしたら知ってるかもしれないがマトリクスってのはヨ×コの行と列からなる数字の並びによって表されるものだ。CGや画像変換などではこれらを用いて画像などの変形を行ったりするんだがとりわけ3DCGでは4×4の正方行列を用いて3Dオブジェクトの変換を求めるために使用されているんだ。Mayaでもそれは例外ではなく実際に親子関係なんかは行列の乗算によって求められている。
Mayaのtransofromノードの位置情報はさっきも言ったように4かける4の正方行列で表されているが、これをさらに細かく見ていくと1列目から3列目まではそれぞれX・Y・Zの方向や大きさを表すベクトルになっていて、これによってrotateやscale、shearなんかを表現できるようになっている。また4列目はオフセット値を表していてtranslateに該当する情報を持っているんだ。
transformノードにはローカルの変換を表すlocalMatrixをはじめ、worldMatrixや逆行列であるinverseMatrix、親の行列を求めるparentMatrixなど便利なアトリビュートがはじめからついていて、これによってコンストレインなどは親が動いてもちゃんと追従するように計算されているんだ。因みに最終出力は今言ったようなマトリクスだが内部的には回転やスケール、ピボットも含めた移動などもマトリクス化されて計算されている。これはMayaのマニュアルのxformコマンドやAPIマニュアルのMFnTransform何かにも計算順序が
行列のお話はまた別の機会に(笑)
ぎょ・・・
ぎょうれつ??
法律でも相談するの？

PART 3

Mayaを知るべし －ジョイント－

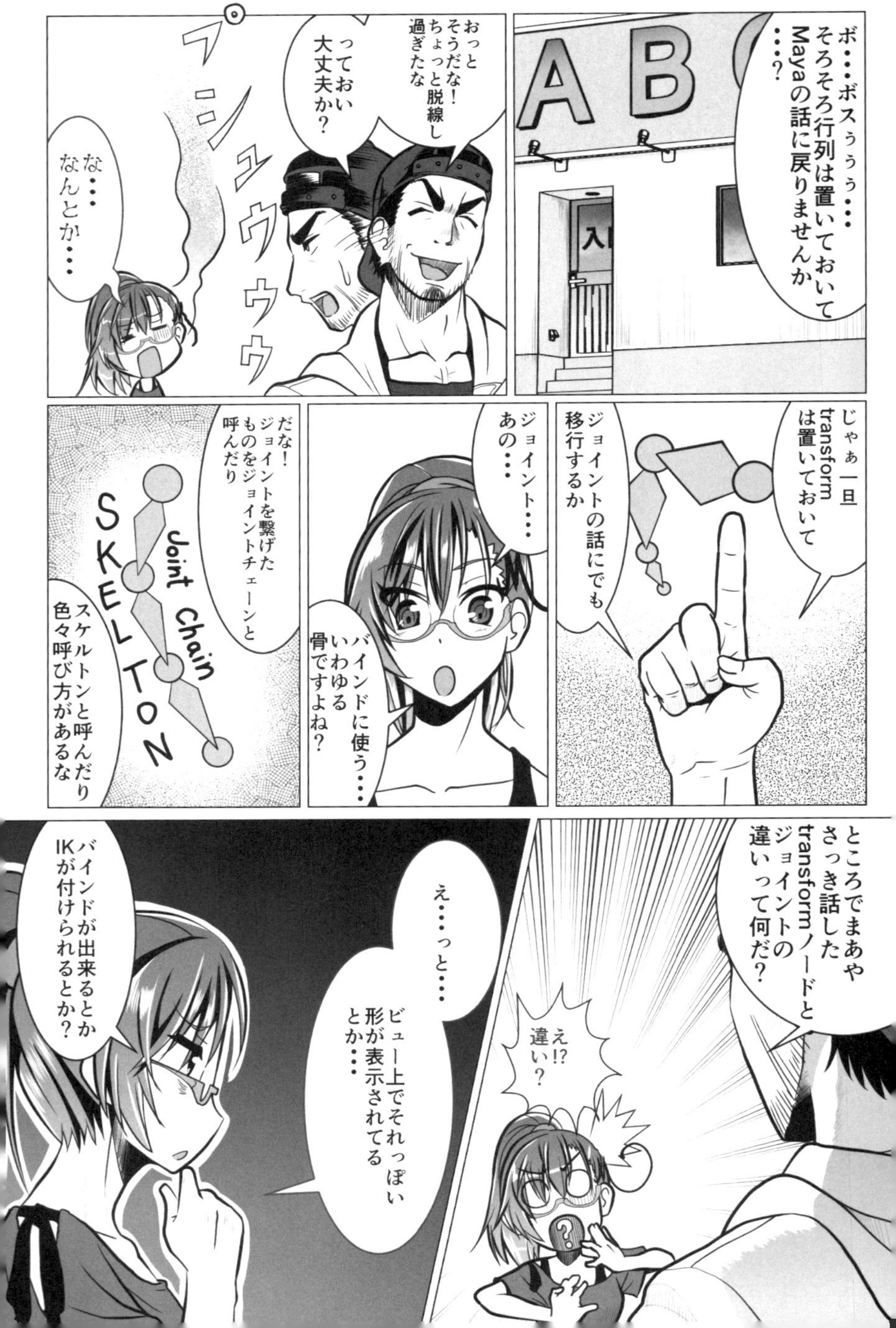
ボ・・・ボスぅぅぅ・・・
そろそろ行列は置いておいてMayaの話に戻りませんか・・・？
おっとそうだな！ちょっと脱線し過ぎたな
ってお い大丈夫か？
プシュウウウウ
な・・・なんとか・・・
じゃぁ一旦transformは置いておいて
ジョイントの話にでも移行するか
ジョイント・・・あの・・・
バインドに使う・・・いわゆる骨ですよね？
だな！ジョイントを繋げたものをジョイントチェーンと呼んだり
Joint Chain
SKELTON
スケルトンと呼んだり色々呼び方があるな
ところでまあやさっき話したtransformノードとジョイントの違いって何だ？
え!?違い？
え・・・っと・・・
ビュー上でそれっぽい形が表示されてるとか・・・
バインドが出来るとかIKが付けられるとか？

他にもIKの優先角を決めるpreferredAngleがあったりとかもあるが
まぁ 表面的にはそんなもんだろう
だがリグをやる場合はそんな表面的な事だけを知っているだけでいいのだろうか!?
カッ
否! よくない!!
ボス 近いです
でも他にどんな違いがあるんですか・・・?
IKやバインド以外にそんな重要な違いってありましたっけ?
ふふふ そうだな・・・
例えばピボットはジョイントには存在しない事とかかな
えぇぇ～!? ウソですよ～
ヒラヒラ
だって・・・
ジョイント選んでピボットモードにして動かしたらほら～
ヒョイ
ちゃんとピボットが変化してますよ
ふっ・・・
確かに表面的にはピボットを動かしているように見えるが
くわ
ジョイントを動かしながらジョイントのtranslateを見てみるがいい!

translateの値・・・?
カチャ
カチャ
Edit Object
Translate X 38.934
Translate Y 0
Translate Z 0
Rotate X 0
Rotate Y 0
Rotate Z 0
Scale X 1
Scale Y 1
Scale Z 1
Object Show
Translate X 17.79
Translate Y 55.691
Translate Z 45.251
Rotate X 0
Rotate Y 0
Rotate Z 0
あれれ!? ピボットを動かしてるハズなのにtranslateの値が変わってる!?
rotatePivotとかscalePivotは?
Channel Controlを見るとちゃんとある・・・!?
Preferred Angle X
Preferred Angle Y
Preferred Angle Z
Rotate Axis X
Rotate Axis Y
Rotate Axis Z
Rotate Order
Rotate Pivot X
Rotate Pivot Y
Rotate Pivot Z
Rotate Quaternion W
Rotate Quaternion X
Rotate Quaternion Y
Rotate Quaternion Z
Scale Pivot Translate X
Scale Pivot Translate Y
Scale Pivot Translate Z
Scale Pivot X
Scale Pivot Y
Scale Pivot Z
Segment Scale Compensate
Select Handle X
Select Handle Y
Select Handle Z
あるのにどうして?
ジョイントにもピボットのアトリビュートは確かにあるんだが
これらは無視されてるんだ
・・・
無視ってヒドイ・・・
あ・・・でもそれだとフリーズした時はどうなっちゃうんですか?
transformノードの時はフリーズするとtranslateの値はピボットに移りますよね?
ぶっちゃけジョイントはフリーズしてもtranslateは無視して何もしない!!
エエエッ!?

その代わりと言っては何だがジョイントは回転にまつわる機能が増えている
それがjointOrientアトリビュートだっ！
jointOrientは第2の回転アトリビュートとも言える代物で
このアトリビュートを使ってもジョイントを回転させる事ができるんだ
rotateは0のまま!!
へぇ〜そんな仕組みがジョイントに…
でも何で回転のアトリビュートが2つもあるんですか？
それはフリーズに関わってくる話なんだが…
transformノードではフリーズした時にrotateの値は初期値に戻るだけだと言う話はさっき話した通りだ
しかし
ジョイントの場合フリーズするとrotateの情報はjointOrientに移るようになってるんだ
rotate
移植!!
orient
って事は…
!?
ひょっとしてっ！

おっ
わかったようだな
ニヤ・・・
Joint
Trs
Freeze
傾きが戻っちゃう
ちゃんと維持！
そう
つまりジョイントは傾きを保ったままフリーズ出来るってことだ
でも何でtransformノードとジョイントでそんな違いがあるんですかね？
それは恐らく
ジョイントの本質が骨格のシミュレーションだからだろう
そして骨の基本動作は回転・・・
だから初期ポーズにした時にそのポーズを維持しつつ回転角を０度に出来るように設計されたんだろうな
逆に言うならばジョイントを作成する時はそう言ったジョイントの軸をキッチリしてやる必要があるって事だ
ビクッッ
ビシッ
う・・・
それは大変そう・・・
ジョイント軸の管理はジョイント作成の基礎
ニヤニヤ
そこを疎かにすると後々面倒になるからしっかりやるぞっ！
ハイ・・・
ド

そして
もうひとつ
スケールにもジョイント特有の特性がある
それがinverseScaleだ
inverse（インバース）・・・
逆スケールって事ですか？
そうだ
親ジョイントをスケールすると
その直接の子ジョイントは
逆スケールがかかって
大きさを維持しようとするんだ
プラスマイナス0で大きさは変わらない
スケールダウン
子
スケールアップッ!!
親
ええええ
そんなの
ありましたっけ？
persp
top
front
side
joint1
joint2
joint3
joint4
joint5
pCube4
pCube3
pCube2
pCube1
す
百聞は一見にしかずだ
今回はわかりやすいように各ジョイントチェーンの下にポリキューブを置いて視覚化してみたぞ

フフフフフフフ
んじゃ早速スケール!!
ホントだっ!? 確かに子供は大きさが変わってない！
全然気づかなかったぁ
でも・・・なんでジョイントだけこんな事に・・・?
Squash
Oh…
例えばディズニーなどの典型的なキャラクターアニメーションではキャラクターの表現をより誇張するために
Nooooo
Stretch
スクアッシュ&ストレッチなんかを使用する
それはジョイントが現実の骨のシミュレーションであると同時に
キャラクターアニメーションを行う中核も担っているからさ
スクアッシュ&ストレッチ?
日本語で言うなら圧縮と伸張・・・
縮む!!
伸びる
ざっくり言うならアクションの要所要所で伸びたり縮んだりすることかな
昔ボールのアニメーションとかやったろ?

そしてコレをやるにはインバーススケールは必須なんだ
ポカ～ン
なんでやねん？って顔をしてるな
まぁコレも実際に見た方が早いだろ
これはポリキューブを4つペアレント化してつくったものだ
pCube4→
pCube3→
pCube2→
pCube1→
pCube1
pCube2
pCube3
pCube4
defaultLightSet
defaultObjectSet
ニョ～ン
んでまずはpCube2をストレッチをかけるようにスケールして
3.1 fps
pCube3を回すっ!!
クルッ
!!?
えぇぇぇぇっ!?
なんでこんな曲がり方するんですか!?

これは別に全然変じゃないぜ
逆に回してからスケールかければすぐわかるよ
いいか？最初の状態からまずは回して・・・
クル
10 fps
ストレッチ!!
次にストレッチをかけるようにスケールすれば
確かに・・・
回してからストレッチかければすんなり理解出来ますね
だろ？
同じことをジョイントでやってみよう
ジョイントチェーンを作ってから分かりやすいように先ほど同様ポリキューブを各階層にはさむ
joint1
joint2
joint3
joint4
joint5
pCube4
pCube3
pCube2
pCube1
defaultLightSet
defaultObjectSet
144.6 fps
そしてストレッチをかけるように1軸だけスケールをかけて
グーン
回転させる!
クルッ

あ・・・
今度は歪まない!?
インバーススケールによって親の変形の影響を受けないから歪まないで済むんだ
これによってキャラクターの腕や足を伸ばしながら曲げたりが出来るようになる
これがインバーススケールが存在する理由かな
このインバーススケールにはちょっとした仕掛けがあってな
これを知らないと突然この機能が効かなくなって焦るからちゃんと説明しておこう
試しに2番目のジョイント〝joint2〟を選んでそれをNode Editorで見てみてくれ
カチカチ
はい
あれなんか繋がってますね
joint2
Scale
Inverse Scale
joint3
Inverse Scale
そうこれがずばりインバーススケールさ
ジョイントはペアレント化すると親ジョイントのスケールアトリビュートが子ジョイントのインバーススケールアトリビュートに接続されるようになっている
これにより親がスケールすると子は逆のスケールがかかり元の大きさを維持するようになっているんだ

この親子の繋がりこそがインバーススケールの肝!
だが・・・
時としてこの繋がりが絶たれてしまう時があるのだよぉぉぉぉっ!
どおおおお
・・・
特にリグの仕事は面倒だから色々ツール化したくなるのだが
その自作ツールでジョイントを作った時にインバーススケールを繋げるの忘れてたりとかな・・・
本末転倒もいいところだ
くうううぅ
・・・
あ・・・!でもコレがあると全体でスケールかけたい時とか不便ですね
例えば・・・頭のスケールかけても髪の毛がついてこないとか
ふっ・・・当然そんな時のための機能もちゃんとついているよまあや君
イチイチめんどうやな・・・
そんな時は影響を受けたくない子ジョイントの
Segment Scale Compensateをオフにしておけばいい
Bone
2.000
X
Y
0.000
0.000
0.000
0.000
0.000
0.000
-9.466
Segment Scale Compensate
Side
Center
Type
None

子ジョイントも一緒に スケールをかけたい場合 インバーススケールの 接続部分を切ると言う手も あるが
それだと インバーススケールの On/Offのスイッチが 出来なくなるから 必ずこのアトリビュートを 使用するように！
まだイマイチよく 理解出来てない 気がするんですけど 一応わかりました
まっ その辺は実際に やってみながら 覚えてこう
まずはDAGについてと transformノード さらにはジョイントの 特性について勉強して来たが ここまでくれば ひとまず座学は 完了かな
え・・・？ ってことは・・・
あぁ いよいよ実際の キャラクターを 使って実践だな
やったぁぁぁぁっ！！
くくくく 実践でも覚える事は 山のようにあるわ・・・ 果たしていつまで 浮かれていられるかな？
やっと この苦しい 座学から ぬけられる♡
まだまだ苦難は 続くぞ！

行列こぼれ話

（まああや） うぅぅぅぅぅむ。

（ボス） どした？ そんなに唸って。

（まあや） いやぁ、さっきtransformとjointについて勉強したわけですけど・・・

（ボス） 何か納得がいかない事でもあったのか？

（まあや） よくよく考えたら、transformとjointって分ける必要なくないですか？
両方の特性を持つ「超激ヤバスペシャルノード」みたいのがあれば、
それで十分じゃないですか？

（ボス） まぁそのヘンテコな名前はおいといて、確かにそんなのがあれば理想だな。
俺も使い分けるのは正直面倒くさい。

（まあや） ですよねっ!!!!!!

（ボス） だが、ジョイントの方の特性を絞った理由はパフォーマンスにあるんじゃないかと
俺は思ってる。

（まあや） はぁ・・・ パフォーマンスですか？

（ボス） 以前transformの話をした時に、一緒に行列の話もチラッとしただろ？

（まあや） ぎょ・・・ ぎょぎょぎょ・・・

（ボス） おまえはさか○クンさんか。
transformやjointの位置や回転などの変換情報は、内部的には行列によって
算出されているんだ。
3DCGなんかでは↓のような4×4の行列が使われている。

$$
\begin{matrix}
1 & 0 & 0 & 0 \\
0 & 1 & 0 & 0 \\
0 & 0 & 1 & 0 \\
0 & 0 & 0 & 1
\end{matrix}
$$

（まあや） ・・・

（ボス） そんな顔するなって（笑）
この行列の見方は今回は省くが、CGではこの行列の掛け算が頻繁に使われて
いるんだ。

（まあや） へぇ～（遠い目）

（ボス） 例えば行列Aと行列Bの掛け算を行うと、下記のようになる。

$$
\overset{\textbf{A}}{\begin{pmatrix} a & b & c & d \\ e & f & g & h \\ i & j & k & l \\ m & n & o & p \end{pmatrix}}
\times
\overset{\textbf{B}}{\begin{pmatrix} A & B & C & D \\ E & F & G & H \\ I & J & K & L \\ M & N & O & P \end{pmatrix}}
=
\begin{pmatrix}
a*A+b*E+c*I+d*M & a*B+b*F+c*J+d*N & a*C+b*G+c*K+d*O & a*D+b*H+c*L+d*P \\
e*A+f*E+g*I+h*M & e*B+f*F+g*J+h*N & e*C+f*G+g*K+h*O & e*D+f*H+g*L+h*P \\
i*A+j*E+k*I+l*M & i*B+j*F+k*J+l*N & i*C+j*G+k*K+l*O & i*D+j*H+k*L+l*P \\
m*A+n*E+o*I+p*M & m*B+n*F+o*J+p*N & m*C+n*G+o*K+p*O & m*D+n*H+o*L+p*P
\end{pmatrix}
$$

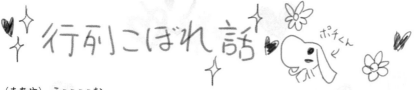

（まあや）　うげぇぇぇぇええええええっ!!

（ボス）　なかなか凄いだろ？
掛け算64回、足し算48回ってとこだな。
そしてtransformノードの行列を算出するために、行列の掛け算を↓のように行ってるんだ。

T-matrix = -SP * S * SH * SP * ST * -RP * RA * R * RP * RT * T

（まあや）　えぇっ!?
このSP*SとかRT*Tとか・・・ それぞれ１個１個がさっき説明した行列の掛け算なんですか？
もしそうだとしたら、とんでもない量の計算になりますよ・・・

（ボス）　その通り。
これらの文字１つひとつが4×4の行列になってるんだ。

（まあや）　ひぃぇぇぇぇぇ・・・

（ボス）　ところがjointの行列を算出するための計算はこんな感じになってるんだ。

J-matrix = S * RO * R * JO * IS * T

（まあや）　えっ？ たったこれだけですか？

（ボス）　そう。めっちゃ少ないだろ？
さっき説明したジョイントの特性と引き換えにこれだけ計算量が減ってるんだ。
計算量の少なさは、すなわちパフォーマンスの向上につながるから、
これは大きな違いだぜ。

（まあや）　そうですねぇ・・・ ＊１回につき100回くらい計算してることを思うと、
全然変わってきますね。

（ボス）　ジョイントはバインドできたりIKを付けられたりと、とかく計算量が多い
処理が多いから、ベースとなるジョイントの計算量を減らしてパフォーマンスが
少しでも上がるようにしたんじゃないかな。

（まあや）　なるほど。こういった事１つとっても色々考えられてるんですねぇ・・・
ってか、なんでこんな計算方法までボスは知ってるんですか？

（ボス）　ん？ 計算方法ならMayaのヘルプに載ってるぜ。
テクニカルドキュメントのノード（英語）って欄から調べられるぞ。

（まあや）　えぇ・・・ そんな事まで載ってるんですか・・・

PART 4

ジョイントを配置する

ボス!! それではいよいよ 実践編・・・
お願いしますっ!!
よし じゃぁそろそろ 始めてくかぁ
おーー!!
今回は(株)GOONEYSさんから かっぱらって・・・・いや ご提供頂いた グーニーズマンを使って やってみよう
かっぱらって・・・・? ・・・まいいや 割りとベーシックな キャラですね
マッチョだけど
あぁ 基本を学ぶためには あんまり変則的じゃ 無い方が分かり やすいからな
確かに そうですね
そう言やぁ 確か予習もバッチリ いつでも実践OK だったんだよな?
ビクッ!
う・・・
そういやって言われると 自信が・・・
ならばとりあえず 左半身だけジョイントを 入れてみろ

うわぁぁ
なんか緊張するなぁ～
でも
頑張りますぅ
では
さっそく・・・・
ス・・・・
Create Joints
Insert Joints
Mirror Joints
Orient Joint
Remove Joints
Connect Joint
Disconnect Joint
Reroot Skeleton
Joint Labelling
Create IK Handle
Create IK Spline Handle
Set Preferred Angle
Assume Preferred Angle
Enable IK Handle Snap
Enable IK/FK Control
Enable Selected IK Handles
カチ・・・
カチ
カチ
・・・
よしっ!
出来ましたぁっ!!
くるっ
おっ!
もう出来たのか
ニヤリ
どれどれ
じゃぁ見せてもらうか
お・・・
お願いしま～す

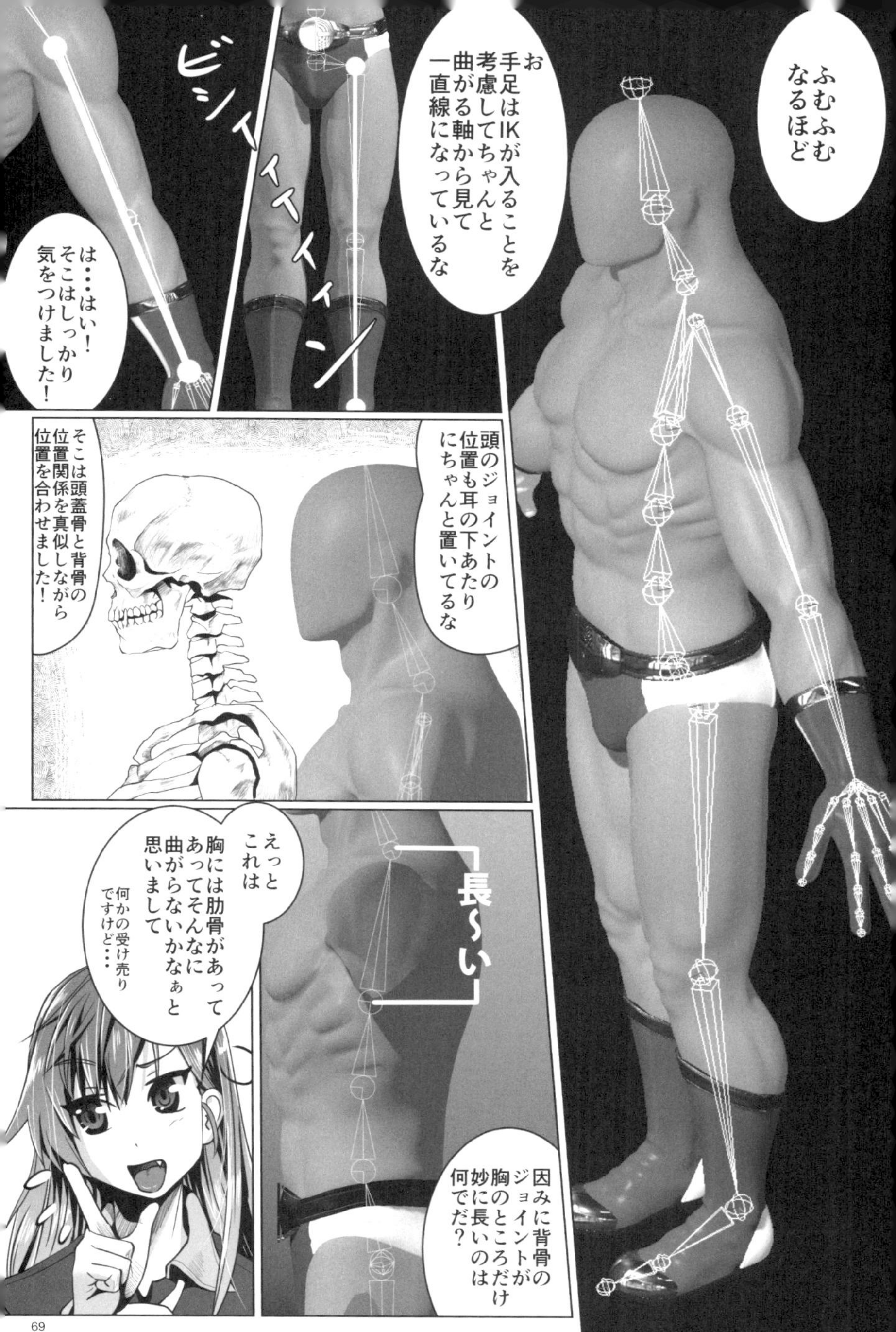
ふむふむ なるほど
お 手足はIKが入ることを考慮してちゃんと曲がる軸から見て一直線になっているな
ビシイイイイィン
は・・・はい! そこはしっかり気をつけました!
頭のジョイントの位置も耳の下あたりにちゃんと置いてるな
そこは頭蓋骨と背骨の位置関係を真似しながら位置を合わせました!
因みに背骨のジョイントが胸のところだけ妙に長いのは何でだ?
「長〜い」
えっと これは 胸には肋骨があってあってそんなに曲がらないかなぁと思いまして
何かの受け売りですけど・・・

ほう・・・
なかなかよく
勉強してるじゃんか
やったー！
ありがとうございます！
手首の位置も変に
高すぎず低すぎず
足首の位置も
くるぶしに沿って
配置してあり
問題なさそうだな
うん
ジョイントの配置に関しては
まぁ問題ないだろう
ホー
さて
次はいよいよ
ジョイントの軸の
向きのチェックだな
えっ!?
軸の向き??
う…
ギクゥゥゥ
昨日もジョイントの
特性について話した時に
言ったが
ジョイントの配置において
軸の管理は必須だからな
しっかりキッチリチェック
してあげるね❤

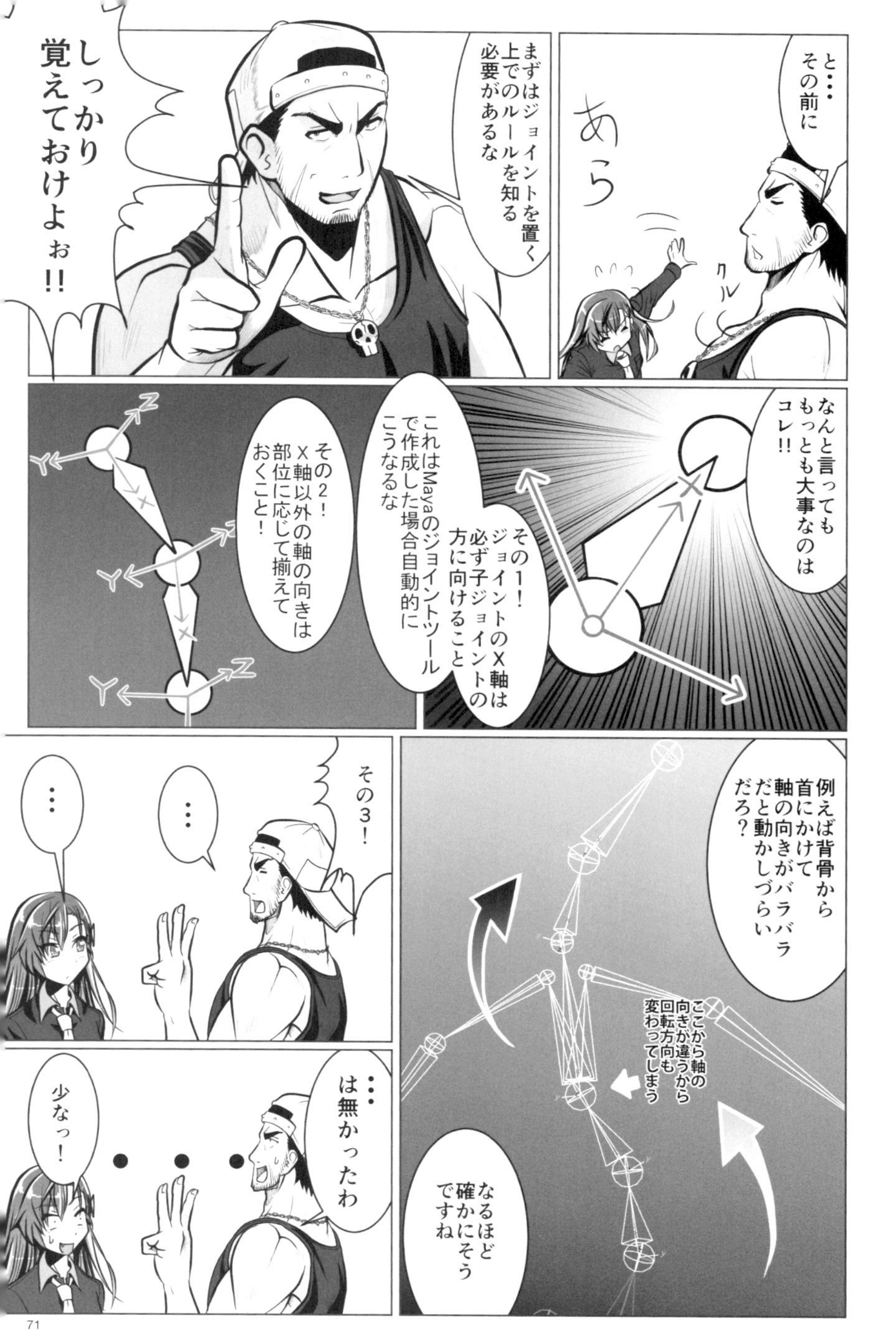
と…
その前に
あら
クル
まずはジョイントを置く上でのルールを知る必要があるな
しっかり覚えておけよぉ!!
なんと言ってももっとも大事なのはコレ!!
その1!ジョイントのX軸は必ず子ジョイントの方に向けること
これはMayaのジョイントツールで作成した場合自動的にこうなるな
その2!X軸以外の軸の向きは部位に応じて揃えておくこと!
例えば背骨から首にかけて軸の向きがバラバラだと動かしづらいだろ?
ここから軸の向きが違うから回転方向も変わってしまう
なるほど確かにそうですね
その3!
…
…
…は無かったわ
●●●
少なっ!

バ・・・バカヤロー！
確かにルールは
少ないが
このルールをしっかり
守るのは結構大変なん
だぞ!!
はぁ・・・
じゃぁ早速
チミの作った
ジョイントの軸を確認
させてもらおうかね
軸はちゃんと
見てなかった
からヤバいかも
どれどれ・・・
カチ
カチ
カチ
カチ
ふむ・・・
やはり
色々軸が
ずれてるな
背骨なんかは
X軸が子ジョイント
の方向から微妙に
ずれてたり
正しい軸
現在の軸
恐らくMayaの
ジョイントツールで
配置したあと
Moveツールで
動かしちゃったんだな
確かに
作成した後に
Moveツールで色々
調整しちゃったかも
でも・・・
これを全部気を
つけながらジョイントを
作成するのって
結構大変ですね・・・
どうしたら
いいんだろう?

違う違う
考え方が逆さ
ジョイントを配置し
終わってから
軸をしっかり
調整するのさ
うわっ
大変そう
ですねぇ・・・
そらそうよ
ルールこそ少ないが
気を使うことは
多いんだぜ
軸の調整には
Skeleton > Orient Joint
と
Freeze Transformations
を使う
Orient Joint Options
Orientation Settings
Orient Joint to World:
Primary Axis:
Secondary Axis:
Orient children of selected joints
Reorient the local scale axes
Toggle Local Axes Visibility
Apply
Close
Freeze Transformations Options
Freeze:
Translate
Rotate
Scale
Joint orient
Lock normals:
Never
Preserve normals
Freeze Transform
Apply
Close
Orient Joint
って設定がややこしくて
苦手です
キィ
ははは
まぁ正直使いづらいし
自前のツール作った方が
作業が早いんだが
今回はこれでやってみよう
まずはこのお試し
ジョイントで
やるから見てろよ
見ての通り
X軸は子の方向を
向いてないし
Y軸やZ軸も
バラバラだ
そこでこの
Orient Joint
を使用する
Y
X
Z
Primary Axis
は優先角の設定で
どの軸を子ジョイント
に向けるかを設定する
ルールその1
X軸は子ジョイントの
方へ向ける!
従って
Primary Axis
はXに設定してから
実行してみよう
この時
Orient Joint to World
はオフにしておくこと
カチッ
では実行ぅっ!

ホントだ！子ジョイントの方にX軸が向いた！
ビシィ
そう言う設定だったんですね～やっと理解しました
何でも設定にはちゃんと意味がある
グッ
それさえ理解してしまえばイチイチビビらなくても大丈夫だぞ
次にSecondary AxisとSecondary Axis World Orientationについてだ
Orient Joint to World:
Primary Axis:
Secondary Axis:
econdary Axis World Orientation:
Apply
これはPrimary Axis・・・今回はX軸だな
で軸を設定した後にSecondary Axisで指定した軸を
Primary
Secondary
World Orientationで指定した方向に向ける
ワールドオリエンテーション・・・
と言うことは・・・ビューポートの左下にある軸と同じ向きに向けるって事ですか？
おっ！察しがいいじゃないかその通りだ
今回はZ軸をセカンダリとしてワールドのZ軸に向けてみよう
dit Help
Orientation Settings
Orient Joint to World:
Primary Axis: X Y Z
Secondary Axis: X Y Z None
econdary Axis World Orientation: X Y Z
Orient children of selected joints
Reorient the local scale axes
Toggle Local Axes Visibility
rient Apply Close
では再び実行！

Z軸が前を向きましたね
だな！
よしこれでひとまず軸の合わせ方がわかったから全身にこれを適応してみよう
ガタ
は はいっ！
まぁ人型キャラの場合ほとんどはセカンダリをZ軸
ワールドオリエンテーションもZ軸にしておけばいい
Zトゥ－Zってね
はい
できました！これでいいんですかね？
あぁOKだ
これで・・・例えば背骨の前屈や手足の回転など全部がY軸で回るようになった
ホントだ
腕や足そして胴体の前屈をY軸回転で統一できたのは見ての通りだ
そしてジョイントの軸の管理においてこのように一番動かしたい軸を全て同じ軸・・・
今回はY軸だが
こうやって統一する事が非常に重要だ
な・・・なるほど！これから気をつけます！
メモ
メモ

さてとりあえず全身にオリエントの設定を入れたんで
これからもっと詳細な設定をしていこう
まず気になるのは手首だな
あ！なんか変な方向向いちゃってる
これはOrient Jointを使ってプライマリの軸を子ジョイントに向ける時
このジョイントが最初の子供
複数いる子ジョイントのうちOutliner上で一番上にいるヤツをターゲットにするせいだ
う～んでもそうだとすると手首の場合
子ジョイントをどの順番で並べても手首の軸は綺麗にならないですよね？
その通り！
そこで**エンドジョイント**を作ってやる事によってこの問題を解決する！
エンドジョイント？
ああバインドなどには直接使わないのだが
こちらもバインドには使わないがIKを入れるのに必要
バインドには使わないが軸調整に使用する
今回の軸調整やIKのエンドエフェクタを作るためだけに作るジョイントだ
例えば今回の手首なら

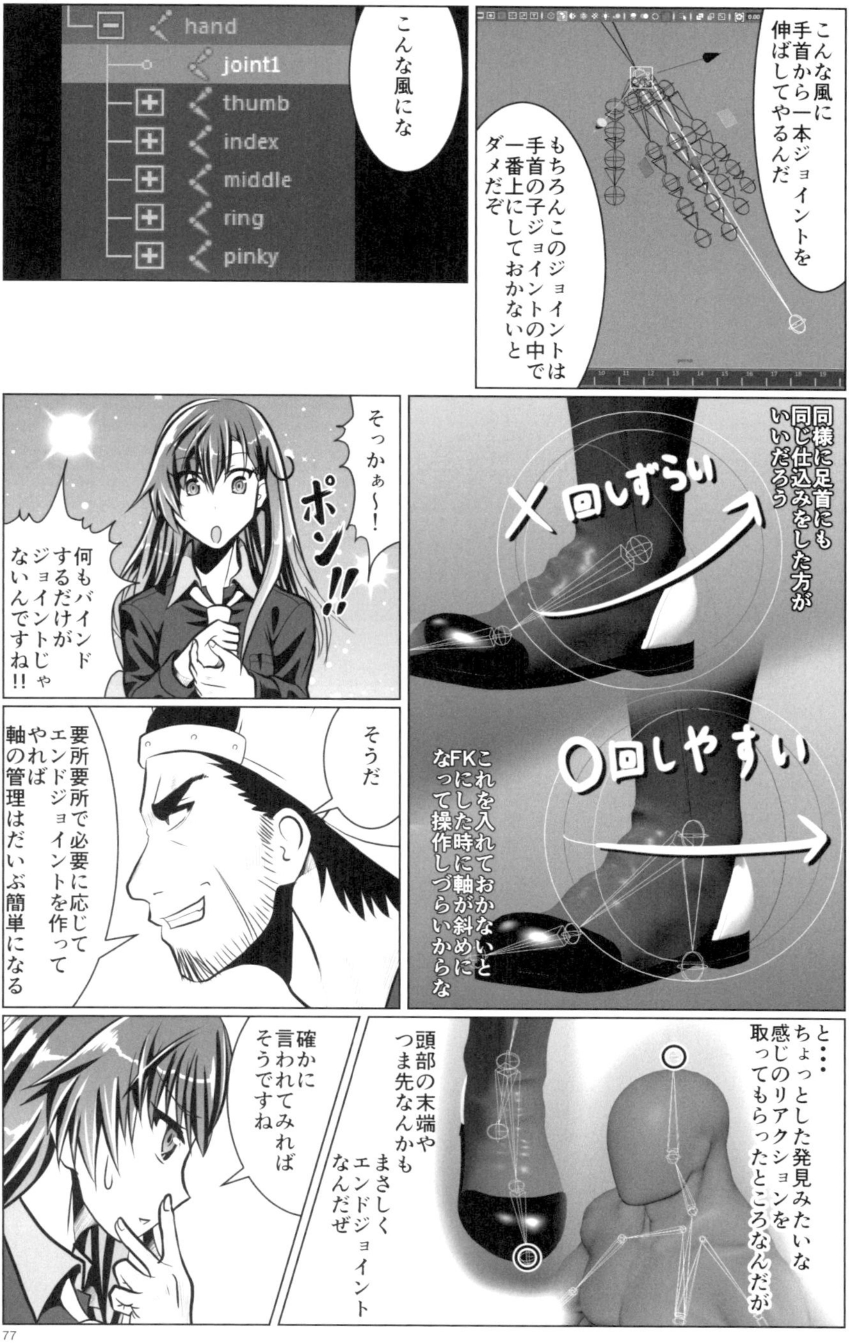

こんな風に手首から一本ジョイントを伸ばしてやるんだ
もちろんこのジョイントは手首の子ジョイントの中で一番上にしておかないとダメだぞ
hand
joint1
thumb
index
middle
ring
pinky
こんな風にな
同様に足首にも同じ仕込みをした方がいいだろう
×回しずらい
○回しやすい
これを入れておかないとFKにした時に軸が斜めになって操作しづらいからな
そっかぁ～!
ポン!!
何もバインドするだけがジョイントじゃないんですね!!
そうだ
要所要所で必要に応じてエンドジョイントを作ってやれば軸の管理はだいぶ簡単になる
と・・・ちょっとした発見みたいな感じのリアクションを取ってもらったところなんだが
頭部の末端やつま先なんかもまさしくエンドジョイントなんだぜ
確かに言われてみればそうですね

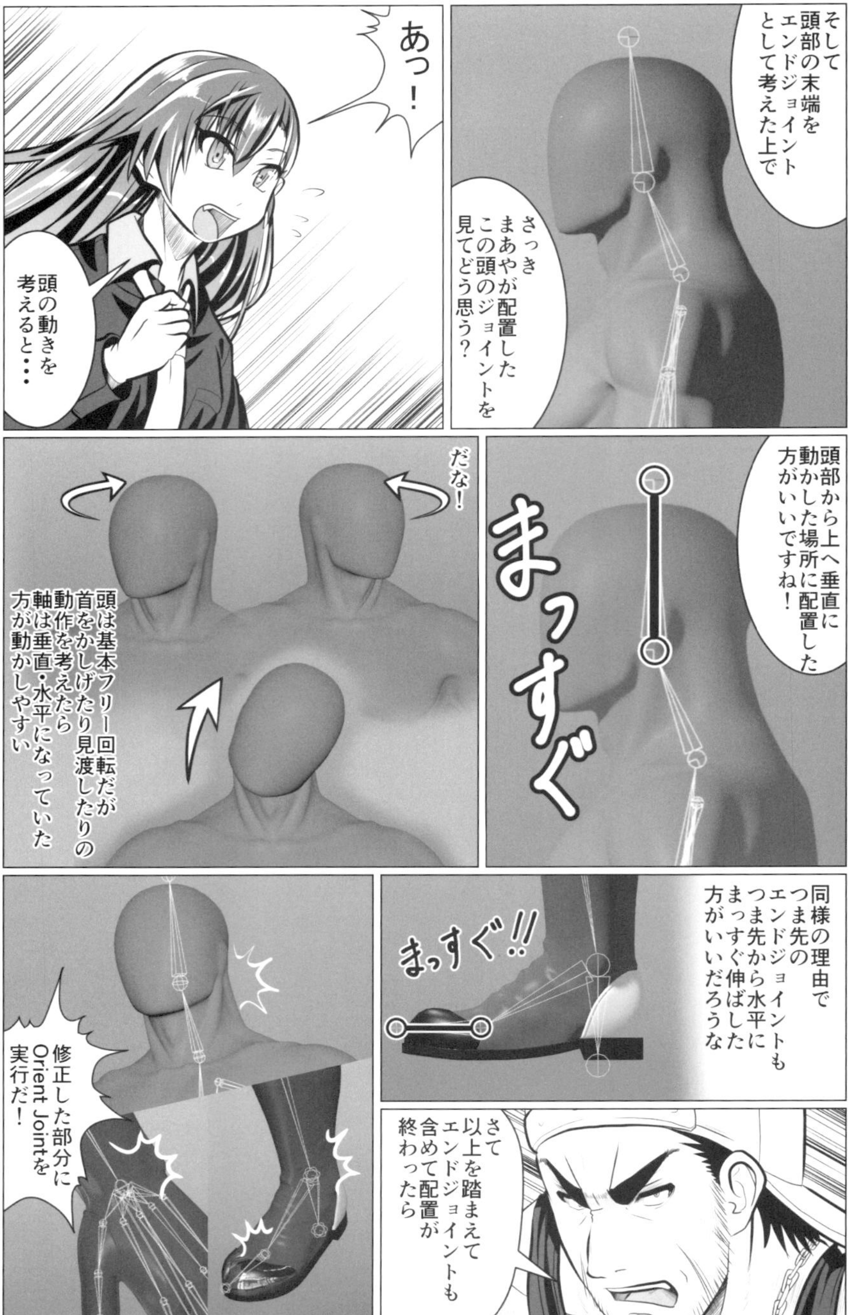

そして頭部の末端をエンドジョイントとして考えた上で
さっきまあやが配置したこの頭のジョイントを見てどう思う？
あっ！
頭の動きを考えると・・・
頭部から上へ垂直に動かした場所に配置した方がいいですね！
まっすぐ
だな！
頭は基本フリー回転だが首をかしげたり見渡したりの動作を考えたら軸は垂直・水平になっていた方が動かしやすい
同様の理由でつま先のエンドジョイントもつま先から水平にまっすぐ伸ばした方がいいだろうな
まっすぐ!!
さて以上を踏まえてエンドジョイントも含めて配置が終わったら
修正した部分にOrient Jointを実行だ！

こ・・・
これでジョイントの作成は完了ですね・・・
長かったわ〜
じわぁ
・・・
んんんん？
う〜ん よく考えてみたら まだ終わってなく ないですかね？
おぉぉぉぉ よくぞ気づいた!!
Orient Jointでは Secondary Axisの方向をXYZのどれかでしか指定できないから
指みたいに複雑な方向を向いてる場合対応できないですよね？
その通ぉぉおり！
背骨や手足はいいとして 指の場合 今のままでは本来曲がる方向とずれたままになってしまっている
ではどうするのか!?
ゴクリ

自分の手で直接回しまーす
テヘ♡
昭和のマンガみたいなリアクションだな
フンガ
バカやろぅ！元々自分で設定しなきゃいけない事を大半はOrient Joint様がやってくれてるんだ！
最後ぐらい自分で頑張らないでどうする！
因みに回転させる時にはRotateツールを使う
この方向だけ回して調整する
（アトリビュート的にはRotateX）
既にOrient JointでX軸は子ジョイントの方を向いているからRotateXだけ回せばいい
+X
さっそくやってみよう！
ぐっ
うぃっす
スー
むぅぅぅボスぅ・・・
指ってまっすぐじゃないから根本のX軸だけ回してもその子ジョイントが変な位置に動いちゃって調整が大変なんですぅ・・・
クルッ
そんな時はRotateツールのPreserve Childrenを使うといいぞ
Symmetry
Object
World
Custom
Select
Selection Constraints
Transform Constraints
Rotate Object Center
Free Rotate
Preserve UVs
Preserve Children
Tweak Mode
Relative
Rotate Options
Eボタンを押しながら左クリックするとメニューの下の方に出てくるだろ？

プリザーブチルドレン？
このオプションがオンの場合子ノードの位置を保持したまま動かす事ができるんだ
親
Move
動かない
子
子
子
因みにこのオプションはMove・Rotate・Scale全てで共有してるから注意だ
おお〜ホントだぁ！
これならサクサク調整が出来ますね！
終わりましたぁ！
クルッ
よ〜し!!じゃぁルールその3に従ってフリーズをかけるんだ！
えっ!?
ギクゥ
ん？
さっきその3はないって言ってませんでしたっけ？
タラ
タラ
うっ・・・
どさくさに紛れてサラッと流そうと思ったのに

さっきちょっと抜けちゃったんだよ・・・
コホン
じゃぁ改めて・・・・ルールその3!!
ジョイントのrotateアトリビュートは全て0にフリーズしておくべし!
Translate X 26.31
Translate Y 0
Translate Z 0
Rotate X 0
Rotate Y 0
Rotate Z 0
Scale X 1
Scale Y 1
Scale Z 1
Visibility on
回転を・・・0にするんですか?
あぁそうだ
これは以前学習したジョイントの特性に関わりがあるんだが
ジョイントは骨のエミュレーションのため回転にまつわる機能に重きが置かれている事に由来する
Freeze《フリーズ》
ジョイントはフリーズをかけた時に傾きを維持出来る
これはrotateの値を全て0にすると初期ポーズに戻れる事を意味してるんだ
回転0
あぁ!そっかーっ!?

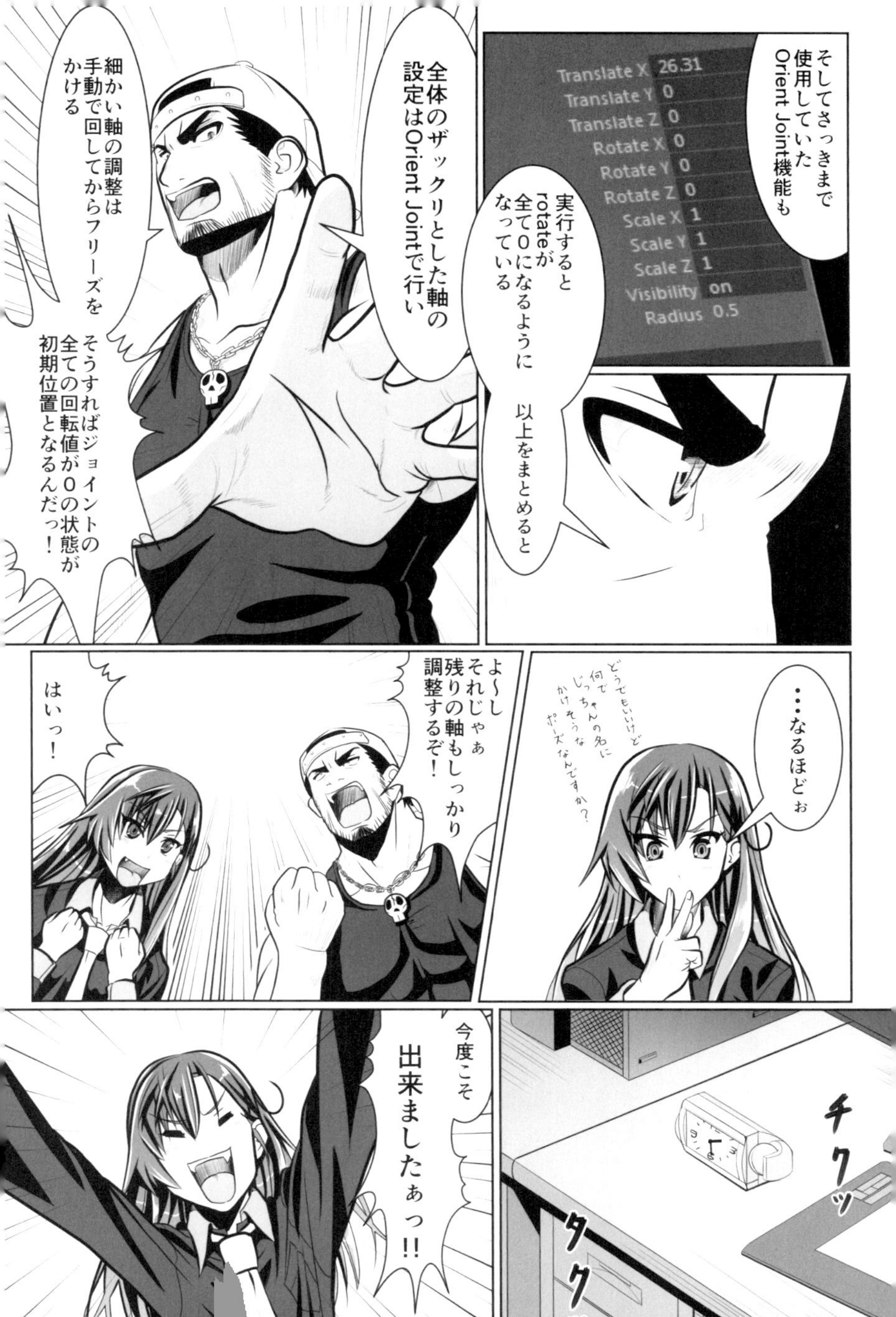
そしてさっきまで使用していたOrient Joint機能も
Translate X 26.31
Translate Y 0
Translate Z 0
Rotate X 0
Rotate Y 0
Rotate Z 0
Scale X 1
Scale Y 1
Scale Z 1
Visibility on
Radius 0.5
実行するとrotateが全て0になるようになっている
以上をまとめると
全体のザックリとした軸の設定はOrient Jointで行い
細かい軸の調整は手動で回してからフリーズをかける
そうすればジョイントの全ての回転値が0の状態が初期位置となるんだっ!
・・・なるほどぉ
どうでもいいけど何でじっちゃんの名にかけそうなポーズなんですか?
よ~しそれじゃぁ残りの軸もしっかり調整するぞ!
はいっ!
チクッ
タクッ
今度こそ出来ましたぁっ!!

よーし
じゃぁ次はいよいよ
ミラーリングだな!
・・・と言いたい
ところだが
先に名前付けだな
やっぱり
カクッ
名前付けは
仕事のデータとして
非常に重要だぞ!
キラ
キラ
今までデータを受け取った
ものの名前も階層も
グチャグチャで
怒りの余り
何度殴りこみに
行こうかと
思った事か!!
おさえて
おさえて
と・・・
過去の話は
置いておいて
名前をつける時にも
まったくルールがないのでは
意味がない
従って今回は
以下の書式に
従ってもらう
その書式とは
ずばりこうだ
はい
部位を表す文字__ノードタイプ_位置

と・・・これでは何の事やら分からんかな？
hand_ jnt _ L
左手首のジョイントの名前ならこうなるな
えーと・・・Lは位置だから・・・LeftのLですか？
そうだ 他にもRight(R) Center(C)なんかが入る
真ん中のjntはジョイントを表す短縮文字だ
ジョイント
jnt
IKハンドル
ik
トランスフォーム
trs
グループ
grp
など・・・
この部分についてはtransformノードのtrsやグループのgrpみたいにある程度メジャーなノードについては規定を設けておくといいだろう
先頭の部位を表す文字とは今回で言えば手首だからhand
頭 ： head
上腕 ： uparm
下腕 ： lowarm
鎖骨 ： clavicle
などなど・・・
頭ならhead 大腿ならthighと言った具合だ
例えば指みたいに同じような名前が続く場合はthumbBaseみたいに2つ以上の単語を合わせるのも有りだ
またこの場合は必ず小文字からスタートし単語区切りのみ大文字にする事
○ thumbBase
× ThumbBase

最後に背骨(spine)みたいに複数個に名前をつける必要がある場合は
spineA _ jnt _C
spineB _ jnt _C
spineC _ jnt _C
・・・
部位を表す文字の末尾にA・B・C・D・・・といったインデックスをふってくれ
と・・・だいたいこんなもんかな
よ～しじゃぁ頑張って全部に名前をつけていこう!!
ピッ
うげぇぇぇぇぇっ!!
ABC
プルプル
で・・・できましたぁ・・・
お～お疲れ!
ど～ん
もぅいや・・・
まぁ今回は全部手でリネームして行ったが
いずれこういうのはツール化して手間を省きたいところだな

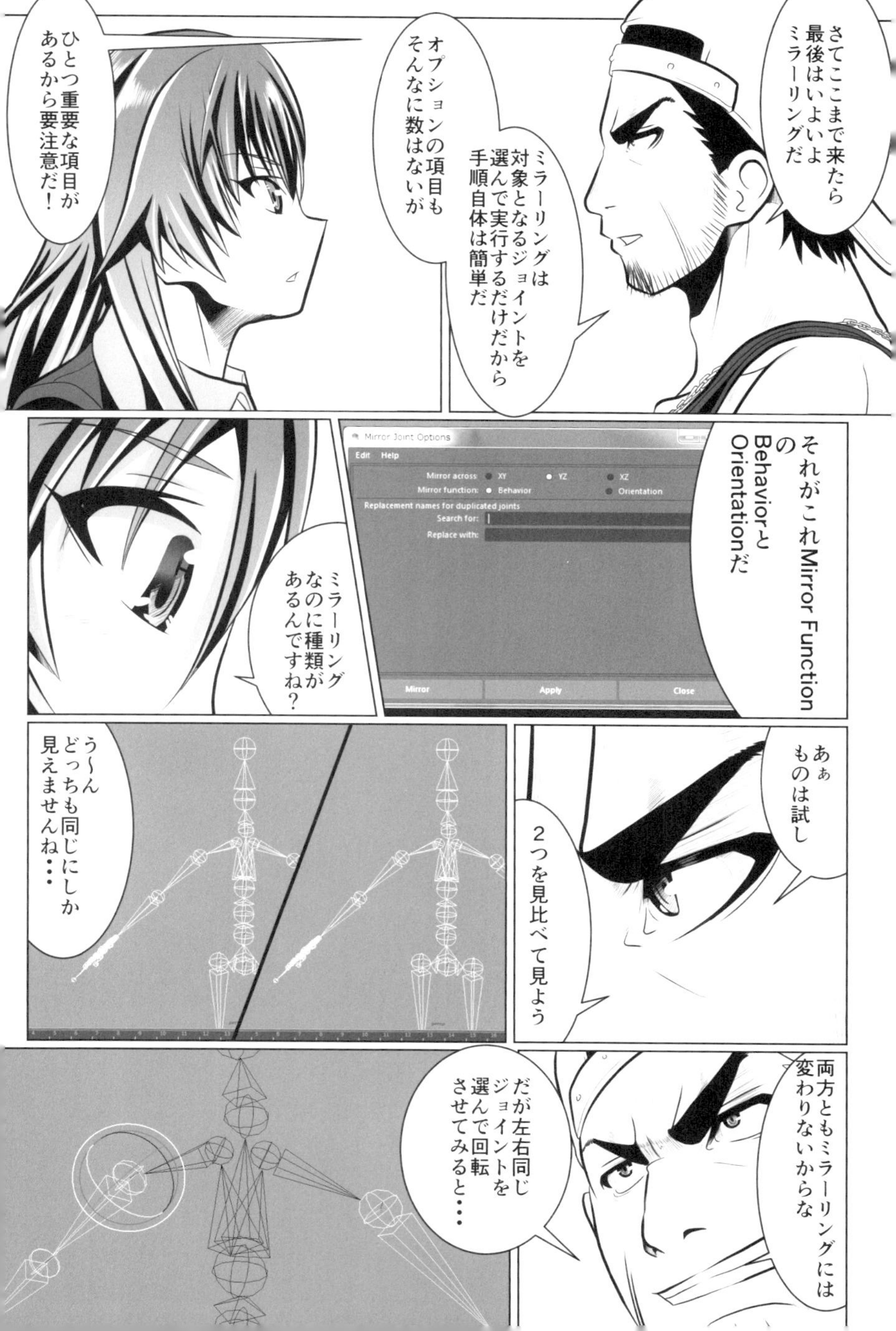
さてここまで来たら最後はいよいよミラーリングだ
ミラーリングは対象となるジョイントを選んで実行するだけだから手順自体は簡単だ
オプションの項目もそんなに数はないが
ひとつ重要な項目があるから要注意だ！
それがこれMirror FunctionのBehaviorとOrientationだ
Mirror Joint Options
Edit Help
Mirror across: XY YZ XZ
Mirror function: Behavior Orientation
Replacement names for duplicated joints
Search for:
Replace with:
Mirror Apply Close
ミラーリングなのに種類があるんですね？
あぁものは試し
２つを見比べて見よう
う～んどっちも同じにしか見えませんね・・・
両方ともミラーリングには変わりないからな
だが左右同じジョイントを選んで回転させてみると・・・

あっ!!
挙動が違うっ!!
Orientation
Behavior
でも・・・
これってどういう事?
Behaviorは
対になるジョイントを
選択して回転させると
左右対称に回転されるんだ
それに対して
Orientationは
対になるもの同士選んで
回転させても同じ方向に
回転する
え〜
それならBehaviorの
方が左右対称に
ポーズを作れて便利
だからOrientationは
いらないんじゃ・・・
それがそうも
行かないところが
辛いところ・・・
試しに
Behavior
の方のジョイントを選んで
軸を見てみよう
Muscle Polygons XGen Sculpting RenderMan
Renderer Panels
あれれ
X軸が子ジョイントの
逆の方向を向いてる・・・
Xだけじゃない
YもZも全て
逆を向いてるんだ
これは
つまり・・・
Behavior
においては
rotateは
同じ数字を入れると
左右対称になり
左右対称
R
逆
T
translateの
場合は逆方向に
動くことを意味している

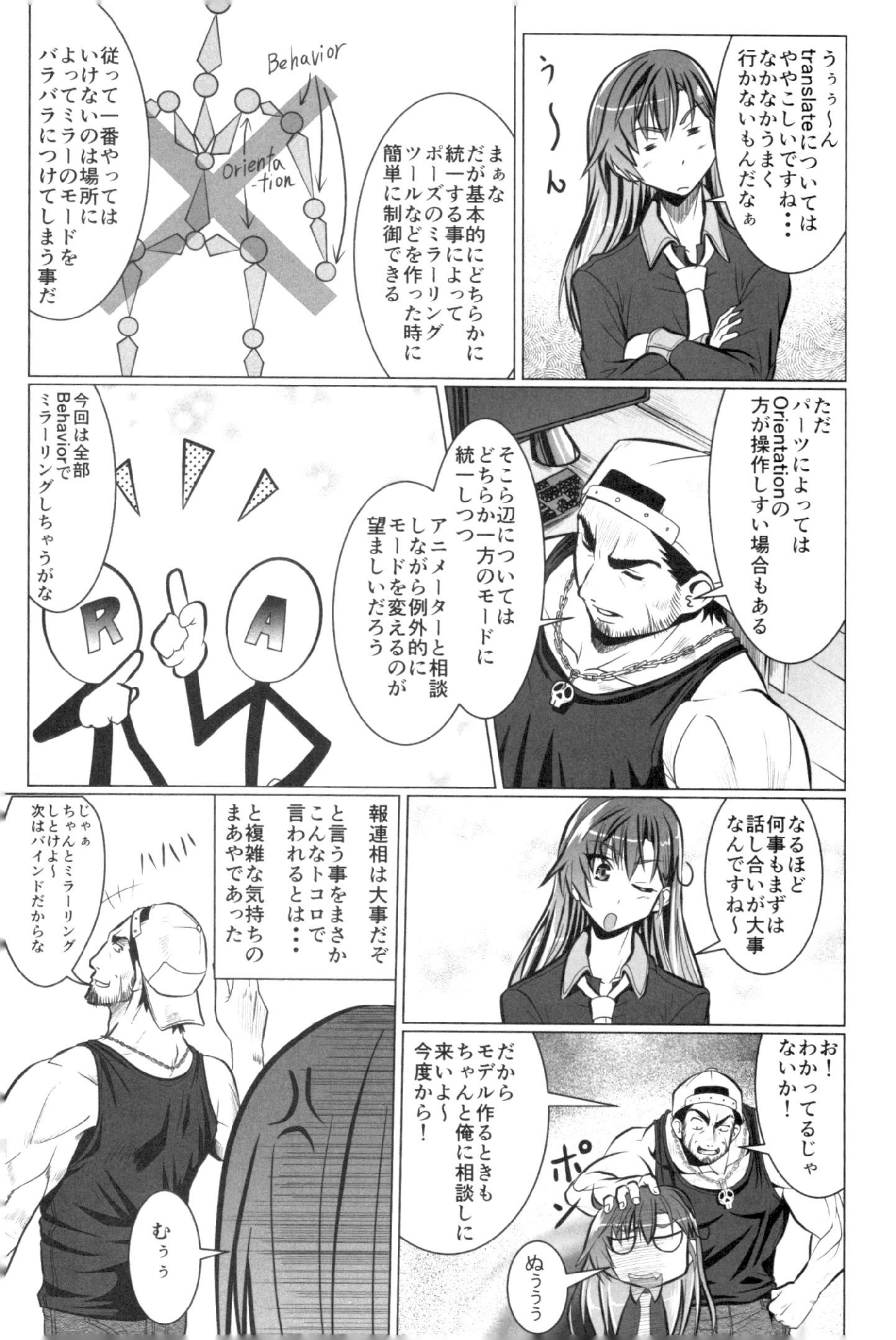

うぅぅ~ん
translateについては
ややこしいですね・・・
なかなかうまく
行かないもんだなぁ
う~ん
まぁな
だが基本的にどちらかに
統一する事によって
ポーズのミラーリング
ツールなどを作った時に
簡単に制御できる
Behavior
Orienta
-tion
従って一番やっては
いけないのは場所に
よってミラーのモードを
バラバラにつけてしまう事だ
ただ
パーツによっては
Orientationの
方が操作しすい場合もある
そこら辺についてては
どちらか一方のモードに
統一しつつ
アニメーターと相談
しながら例外的に
モードを変えるのが
望ましいだろう
今回は全部
Behaviorで
ミラーリングしちゃうがな
R
A
なるほど
何事もまずは
話し合いが大事
なんですね~
お!
わかってるじゃ
ないか!
だから
モデル作るときも
ちゃんと俺に相談しに
来いよ~
今度から!
ポン
ぬううう
報連相は大事だぞ
と言う事をまさか
こんなトコロで
言われるとは・・・
まあやであった
と複雑な気持ちの
じゃぁ
ちゃんとミラーリング
しとけよ~
次はバインドだからな
ハハハ
むぅぅ

（まあや）　ボスぅ、さっきのジョイントの向きなんですけど～。
（ボス）　ん？ 何か質問でもあるのか？
（まあや）　家でジョイントを動かしてみたんですけど、会社でやったみたいに親の軸がずれたりしなかったんですよ。
これ何でですかね？
（ボス）　あぁ、それか。そう言えばMoveツールのオプションの事言い忘れてたわ。
（まあや）　ちょっとぉ～、頼みますよぉ？
（ボス）　いやぁ～、悪ぃ悪ぃ。

恐怖の Automatically Orient Joints

（ボス）　こいつが諸悪の根源、Automatically Orient Jointsだ。
（まあや）　諸悪・・・の・・・根源？
随分な言われようですね（汗）
（ボス）　この機能のせいで、アニメーションを付ける時に
思わぬトラブルに遭遇して大変だったんだから
こう言われてもしょうがない。
（まあや）　どんなトラブルがあったんですか？

（ボス）　そもそもこの機能はさっき教えたOrient Jointを、
Moveツールが内包したような機能なんだ。
だからこれがONの状態でMoveツールでジョイントを動かすと、
その親ジョイントに対してOrient Jointを行うようになっている。
（まあや）　へぇ～。だからジョイントを動かしても軸がズレなかったんですね。
でもそれならそんなに目くじらを立てなくてもいいじゃないですか。
（ボス）　まぁ機能的には一万歩くらい譲って良しとしてやる。
だが最大の問題はこんなとんでも機能が標準でONになってた事なんだよ！
（まあや）　えぇ・・・？ そんなにとんでも機能なんですか？

（ボス）　論より証拠、これを見れば如何にこの機能がヤバいかがよく分かるゾ。
やり方は簡単、こんな感じでまずはジョイントチェーンを作り、
全てのジョイントを選んでSetkey（ショートカットSキー）だ。

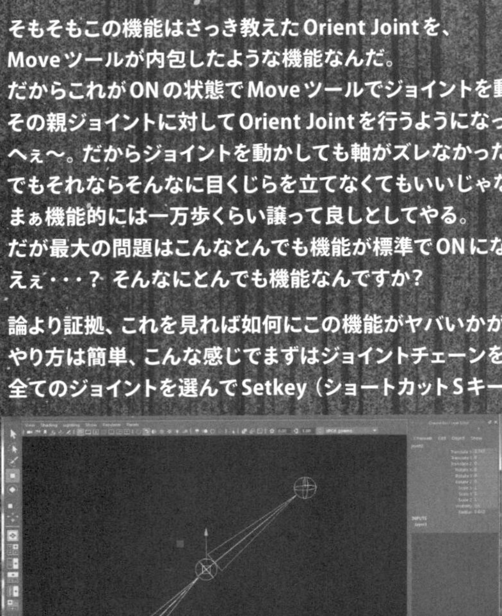

（まあや）　今のところ普通ですね。

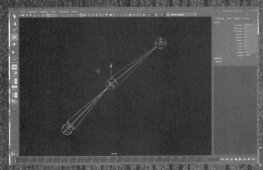

（ボス）　次に適当なフレームに移動する。
そしてAutomatically Orient JointsがONの状態で真ん中のジョイントを移動してからSetkeyを行う。
次に根元のジョイントを回転させてSetkeyだ。

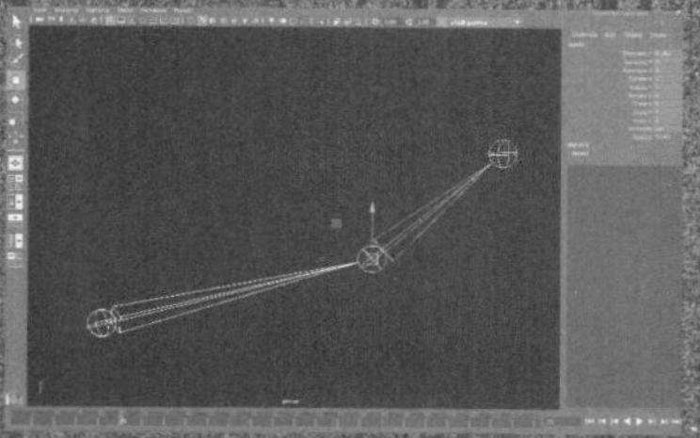

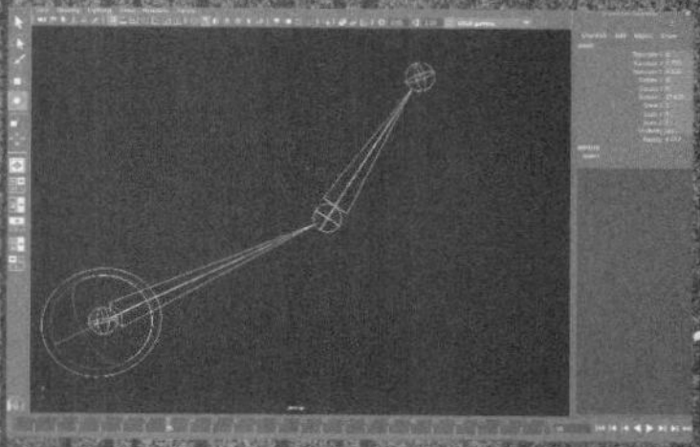

（まあや）　？（特に変なところはないけどなぁ・・・）
（ボス）　最後に最初のフレームに戻ると・・

この後、**衝撃**の結末が！！

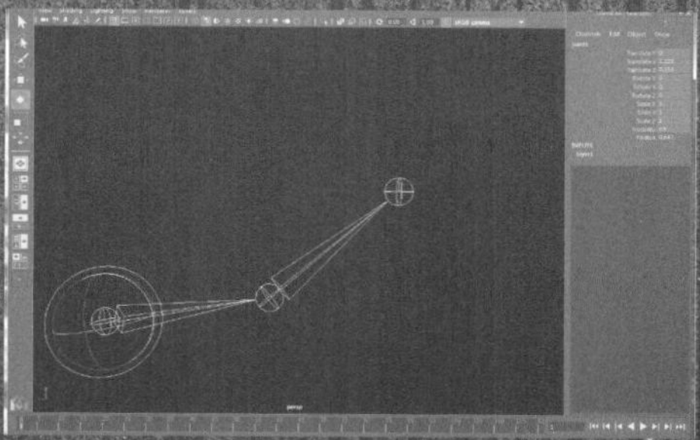

（ボス）　**おわかり頂けただろうか。
なんと最初のフレームの状態が変わってしまっているのである。**
（まあや）　えぇぇぇぇ、コレはあかんでしょっ!!!!
（ボス）　だろ？
これはMoveツールでジョイントを移動した時に、Automat～以下略によって親ジョイントのjointOrientアトリビュートが変更されてしまった事によって起こってしまった悲劇なのだ！
この機能はMaya 2012と2013では標準でONだったため、
「気付かずに移動させてたらアニメーションが変わってた!!」
なんて悲劇が当時の現場を襲っていたのだよぉぉぉぉっ！
（まあや）　ナルホド・・・これは諸悪の根源扱いされてても仕方ないですね・・・
（ボス）　因みに2014以降は標準でOFFになったんで大丈夫だが、
2012や2013のプレファレンスから引き継いでる人はONのままになっている可能性があるから要注意だ。
（まあや）　そっかぁ・・・アタシん家のMayaは2013からプレファレンスを引き継いでたからそうなってたんだ・・・家に帰ったらOFFにしとこ～っと。

PART 5

バインドの前準備

ボスっ!!
入口
ジョイントのミラーリング終わりましたぁ!
ってあれ・・・?
電話中?
あぁ・・・まぁ確かにそれは助かるんだが・・・
どうせ後でウチからも一人出せとか言うんだろ~?
バカヤロウ俺が行ける訳ねぇじゃん
・・・
ボスぅ~ミラーリング終わったんですけどぉ~
・・・
むぅ・・・・
おぉマジか!?それならまぁ勉強になるしいいかなぁ
しょうがない自分でやるかぁ
カチ
まずはジョイントとジオメトリを選んでバインドっと・・・
うっ
こいつパーツが複数に分かれてる
パーツが分かれてると繋ぎ目の部分のウェイト調整が面倒なのよねぇ・・・
学生時代にウェイト調整を失敗した時のトラウマが・・・

あぁ・・・じゃぁ細かい事はまた後でな
さ～てミラーリングは終わっ・・・と・・・？
う～ん
むぅぅ
ん？なんだもうウェイト調整やってるのか
ボスが電話中だったもんで先に始めたんデス
でも・・・このキャラパーツが結構バラバラになってて
繋ぎ目部分のウェイト調整が難しいんですヨォ
おぉぉなるほどな
直接バインドしちゃったのか
えっ？
ダメなんですかっ!?

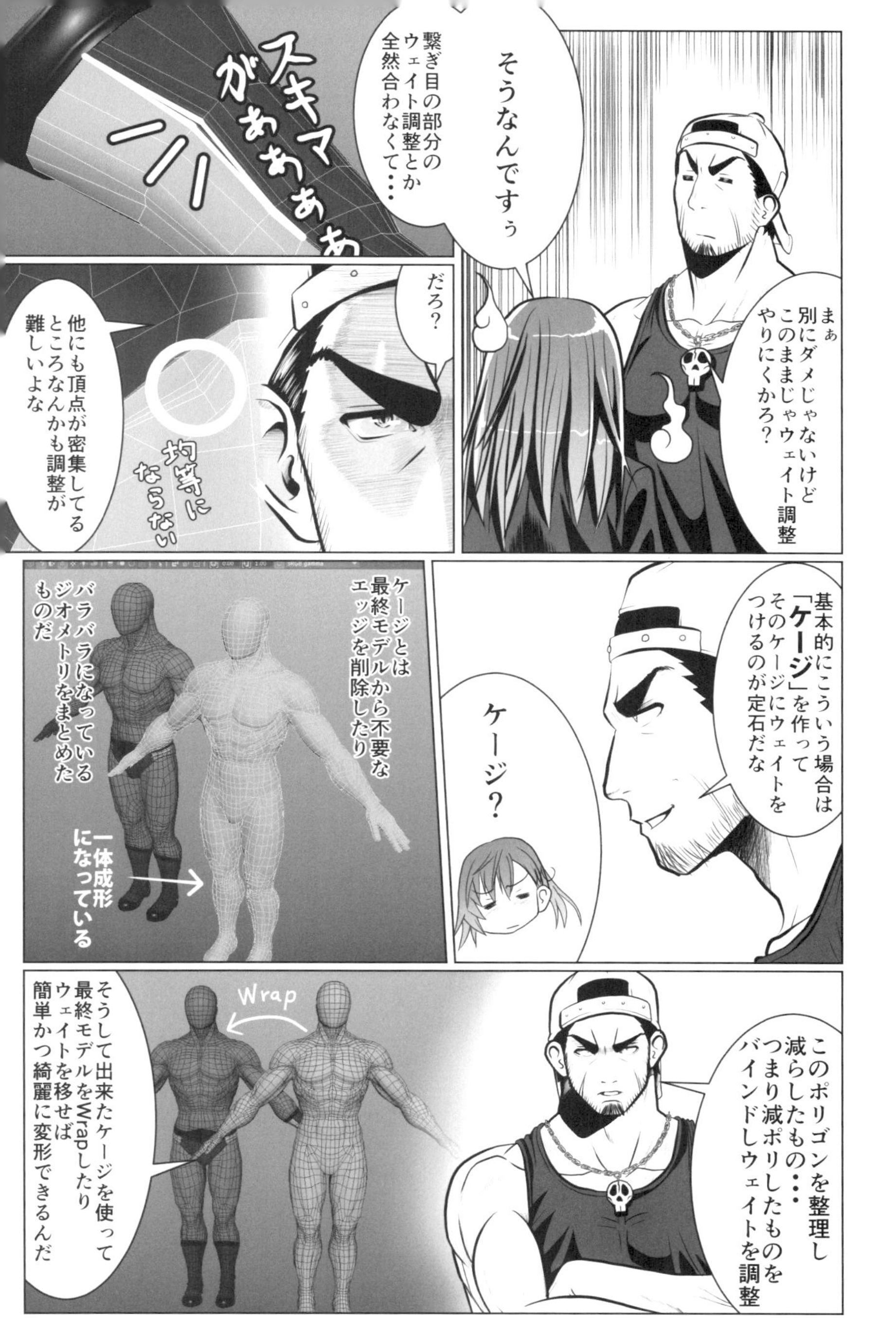

そうなんですぅ
繋ぎ目の部分のウェイト調整とか全然合わなくて・・・
スキマがああああ
まぁ別にダメじゃないけどこのままじゃウェイト調整やりにくかろ？
だろ？
他にも頂点が密集してるところなんかも調整が難しいよな
均等にならない
基本的にこういう場合は「ケージ」を作ってそのケージにウェイトをつけるのが定石だな
ケージ？
ケージとは最終モデルから不要なエッジを削除したりバラバラになっているジオメトリをまとめたものだ
一体成形になっている
このポリゴンを整理し減らしたもの・・・つまり減ポリしたものをバインドしウェイトを調整
そうして出来たケージを使って最終モデルをWrapしたりウェイトを移せば簡単かつ綺麗に変形できるんだ
Wrap

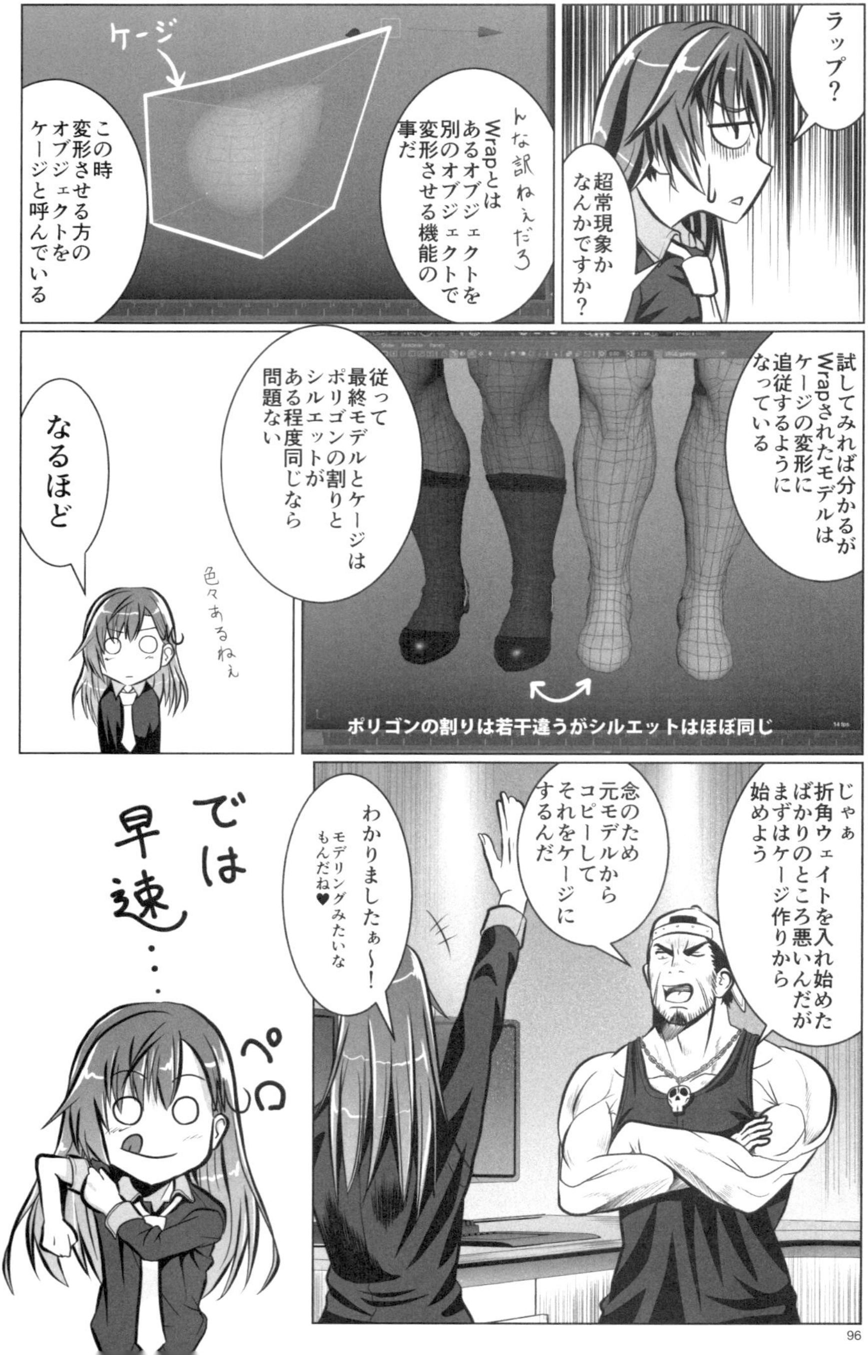
ラップ？
超常現象かなんかですか？
んな訳ねぇだろ
Wrapとはあるオブジェクトを別のオブジェクトで変形させる機能の事だ
ケージ
この時変形させる方のオブジェクトをケージと呼んでいる
試してみれば分かるがWrapされたモデルはケージの変形に追従するようになっている
従って最終モデルとケージはポリゴンの割りとシルエットがある程度同じなら問題ない
ポリゴンの割りは若干違うがシルエットはほぼ同じ
なるほど
色々あるねぇ
じゃぁ折角ウェイトを入れ始めたばかりのところ悪いんだがまずはケージ作りから始めよう
念のため元モデルからコピーしてそれをケージにするんだ
わかりましたぁ～！
モデリングみたいなもんだね♥
では早速…
ペロ

・・・
うむぅ・・・・
あれ・・・？
いざやろうと
思ってもどこから
手を付けていいのやら・・・・
どーん
手が動かぬ
ふふふ
この作業は一見
ただの減ポリのようで
実は色々専門的な
ノウハウが
必要なのだよ
まぁだが
コツを掴んでしまえば
ただの流れ作業だ
その1
サッ
モデルのディテールを
出すために密集している
エッジはまとめる
角を立てるためのエッジ
溝を作るための押さえのエッジ
よくサブディビ化するために
エッジをよせて角を作ったり
溝を作ったりするだろ？
あぁいった複数のエッジは
まとめて1本に集約して
しまうんだ
スッキリ!!

考え方としては
バインドしてウェイトを
振るときに不要なエッジを
削除していく
まずはソコから
徹底的に処理
してみよう
ラフモデルから
ディティール
モデルを
作る時に加えた
エッジを
今度は逆に
削除してく
感じですかね!?
見えた!
水の一滴
さっ
まぁそんな
感じだな
カチ
カチ
12
3
出来ましたぁ!!
次はどう
しましょう?
じゃぁ次はバラバラの
ジオメトリを
結合していこう
特に今回みたいな
人型の場合
全部まとめて一つにして
しまって問題ないだろう
一体成形!!
リグ的には
グローブやブーツなんかが
バラバラである意味は
皆無だからな
一体成形にする時
割りはちゃんと調整
するんだぞ
まとめる
くっつける
元は同じでも状況に応じて
結果を変える
ここだけまとめる
くっつける
ここら辺は
モデリングスキルが
要求されるとともに
ウェイト調整時に
必要かどうかで割りを
調整する必要もあるぞ

これは実際やってみると結構悩みますねぇ
エッジをまとめる時と同じでウェイトを振るのに必要かどうかを考えながらまとめるといい
ここはしっかりまとめちゃって・・・
う～ん こうかな？
とりあえず出来ました・・・
ハァ・・・
ここからさらに割りを調整していくから今はそんなに心配しなくていいぞ
じゃぁ これで最後だ
最後は最初にやったエッジの整理と似ているが
もっと大掛かりにエッジを整理してしまう
大掛かり・・・・？
例えば足首のブーツにあるシワ・・・
これはモデルのディテールとしては必要だがウェイト調整するとなると無駄に入り組んでいてやりにくい
すっきり!!
こういう場合はシンプルにエッジが交差した割りに作り替えてしまうんだ

これは何度も言っている事だが
ウェイトを付ける上で必要かどうかを吟味しながら割りを調整していくんだ
だからさっきのブーツの例で言えば足首を滑らかに曲げたいので
割りがスッキリして ウェイト調整がしやすい
それをラップで曲げるとこうなる
曲げる方向に垂直・水平に割り直した方が綺麗に曲がるようウェイト調整がしやすくなるのさ
この辺の機能はMayaの2015からModeling Toolkitが標準で正式実装されてだいぶやりやすくなったな
Pick/Marquee
Drag
Tweak/Marquee
Camera Based Selection
Highlight Backfaces
Highlight Nearest Component
Symmetry Off
Selection Constraint Off
Transform Constraint Off
Soft Selection
Mesh
Separate
Combine
Boolean
Smooth
リギングにはモデリングの要素も入ってくるからモデリング関係の新機能が増えた場合にも
しっかりチェックしておくことが肝要だ
そうかぁ・・・自分のセクションの機能だけじゃなく幅広くアンテナを張っておく必要があるんですねぇ
ま・・・これは何処のセクションでも言える事だがな
じゃぁ今度は割り直しをやってみよう
では早速さっき話題に出たブーツを・・・
・・・っと?

そうだ・・・ボス～
割りを直す時に元の形状をバッサリ削除してMdeling Toolkitとかで作り直しちゃってもいいんですよね？
一応確認・・・
あぁ構わんよ
ケージはリグの中でしか使わんから自分で使う上で不都合がなければ自由にやっていい
なるほど！では早速今作ってたケージの足首をバッサリカットして
カット！
元の最終ジオメトリを選んでMake Liveっと・・・
ols Plus RenderMan Help
boots_geo
Multi-Component
1 object selected
Pick/Marquee
Drag
Camera Based Selection
Highlight Backfaces
そしてModeling Toolkitを起動して～
後はモデリングの時と同じ要領でQuad Drawとかで面を再構成していけば良いわけですね
とは言えモデリングの時と違ってウェイトを付ける事を考えると気軽には割りを入れられないなぁ・・・

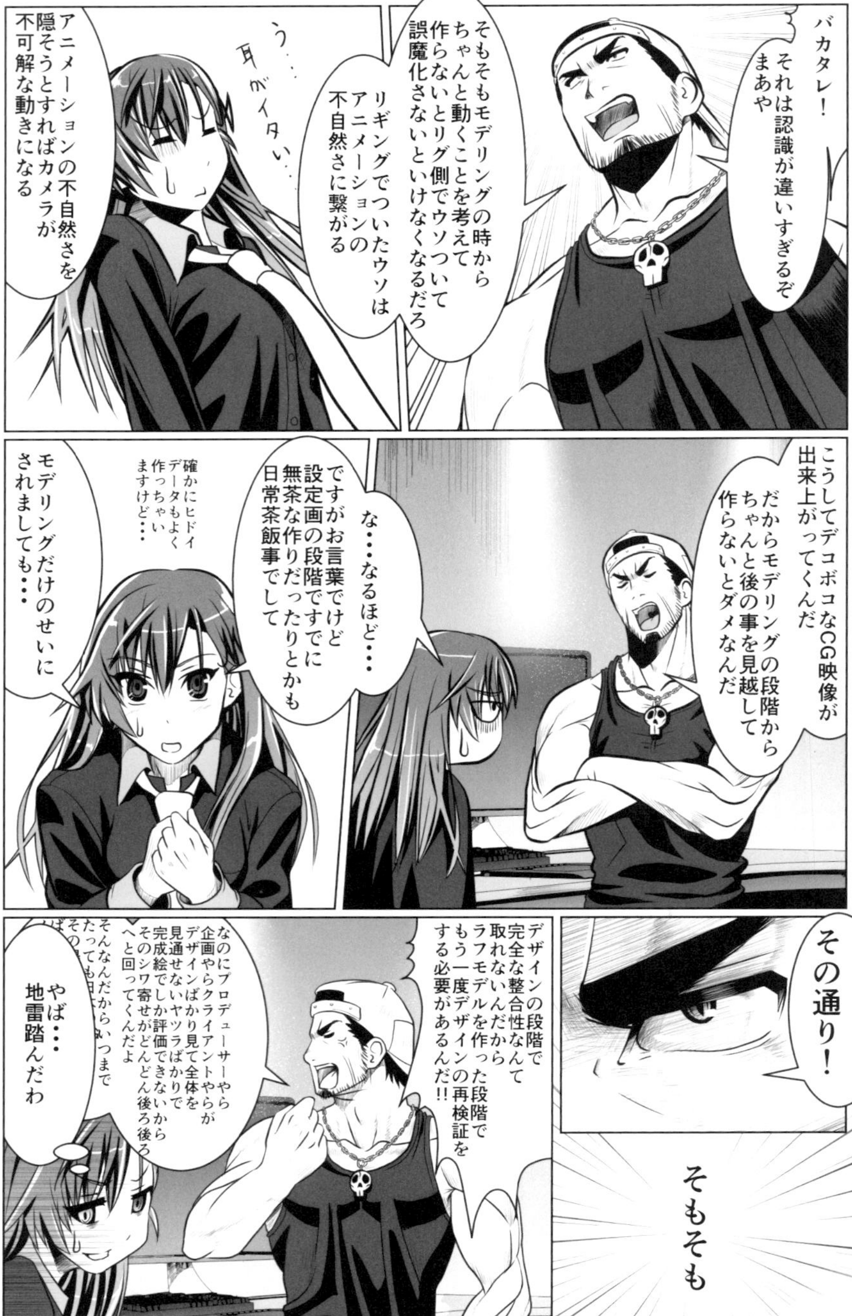
バカタレ！
それは認識が違いすぎるぞ まあや
そもそもモデリングの時からちゃんと動くことを考えて作らないとリグ側でウソついて誤魔化さないといけなくなるだろ
リギングでついたウソはアニメーションの不自然さに繋がる
う・・・耳がイタい・・・
アニメーションの不自然さを隠そうとすればカメラが不可解な動きになる
こうしてデコボコなCG映像が出来上がってくんだ
だからモデリングの段階からちゃんと後の事を見越して作らないとダメなんだ
な・・・なるほど・・・
ですがお言葉ですけど設定画の段階ですでに無茶な作りだったりとかも日常茶飯事でして
確かにヒドイデータもよく作っちゃいますけど・・・
モデリングだけのせいにされましても・・・
その通り！
そもそも
デザインの段階で完全な整合性なんて取れないんだから
ラフモデルを作った段階でもう一度デザインの再検証をする必要があるんだ!!
なのにプロデューサーやら企画やらクライアントやらがデザインばかり見て全体を見通せないヤツラばかりで完成絵でしか評価できないからそのシワ寄せがどんどんどん後ろ後ろ後ろへと回ってくんだよ
そんなんだからいつまでたっても
やば・・・地雷踏んだわ

こうなったらしばらくは
止まらないから
その間に作業進めちゃぉ～
なんとなくやるべきことはわかったしね
話聞いてなくてゴメンね
そして――
ABC
割りの整理終わりましたぁ～！
確かに時間はかかるかもしれんがこう言う積み重ねを今からでも続けて行かなくては
…え？
も…もう終わったの？
えぇ…
結構な時間ボス喋ってましたからねぇ
あれ～そうだったかそれはスマンスマン
では
チェックを…
す
ふーむ
なるほど
Anim Deform Constrain Cache Tools Plus RenderMan Help
No Live Surface
RenderMan
sRGB gamma
ディティールなんかはちゃんと削りとって一体成形にしてるな
結構大胆に構成を変えているところもあるがいいんじゃないかな

ん？ちょっと肘・膝の横の割りを減らし過ぎじゃないか？
うそ！そうでした？
曲がる箇所については多めに割りを入れておかないと曲げた時に尖ってしまうから注意な
少ないと…
尖る!!
特にリアル系の場合は曲げた時のディテール出しのためにも注意する必要があるぞ
場合によっては曲がる外側と内側で割りを変えるのもありだぞ
少ない
多い
曲げると丁度いい!!
もっともケージの方で工夫しても元のモデルにちゃんと割りが無ければ意味がないんだがな
と…まぁこんなところでケージ作りに関してはこんなもんかな
肘・膝を直したらミラーリングをして完了だ
わかりました！
さて…次はようやくスキニングなんだが…
今日は一旦終わりにするか？
そ…そうですね…何だかんだで結構時間取られちゃいましたし
ただスキニングはルールはそんなに多くないから安心していいぞ
ホントですか!? やった〜…
あぁルールは大して多くない
作業量はめっちゃあるがな
いやあ〜まさかこんなスキニング前の準備が大変だったなんて

PART 6

バインド

ボス！おはようございます！
おぉ！おはよう
さぁてさて今日はスキニングをやるわけだが・・・
ところで今までのとこどうだった？
いやぁ～ここまで来るのに思ったより長くてビックリしました
なにしろ本題までぜんぜん辿り着けないんですもん
はっはっはまぁ何だかんだで長くなっちゃったな
だが基礎をやらずにいきなり実務をやっても
自分が何をしているかわからないままになって応用がまったく効かなくなっちゃうからな
でもお陰様でちょっとMayaに詳しくなった気がすると言うか・・・少し親近感がわいた・・・かも？
座学が多くて大変でしたけど・・・
ほう・・・そいつは長々と話した甲斐があったってもんだ
キラーン
じゃぁもっと掘り下げて話そうか？
いえ次行って下さい

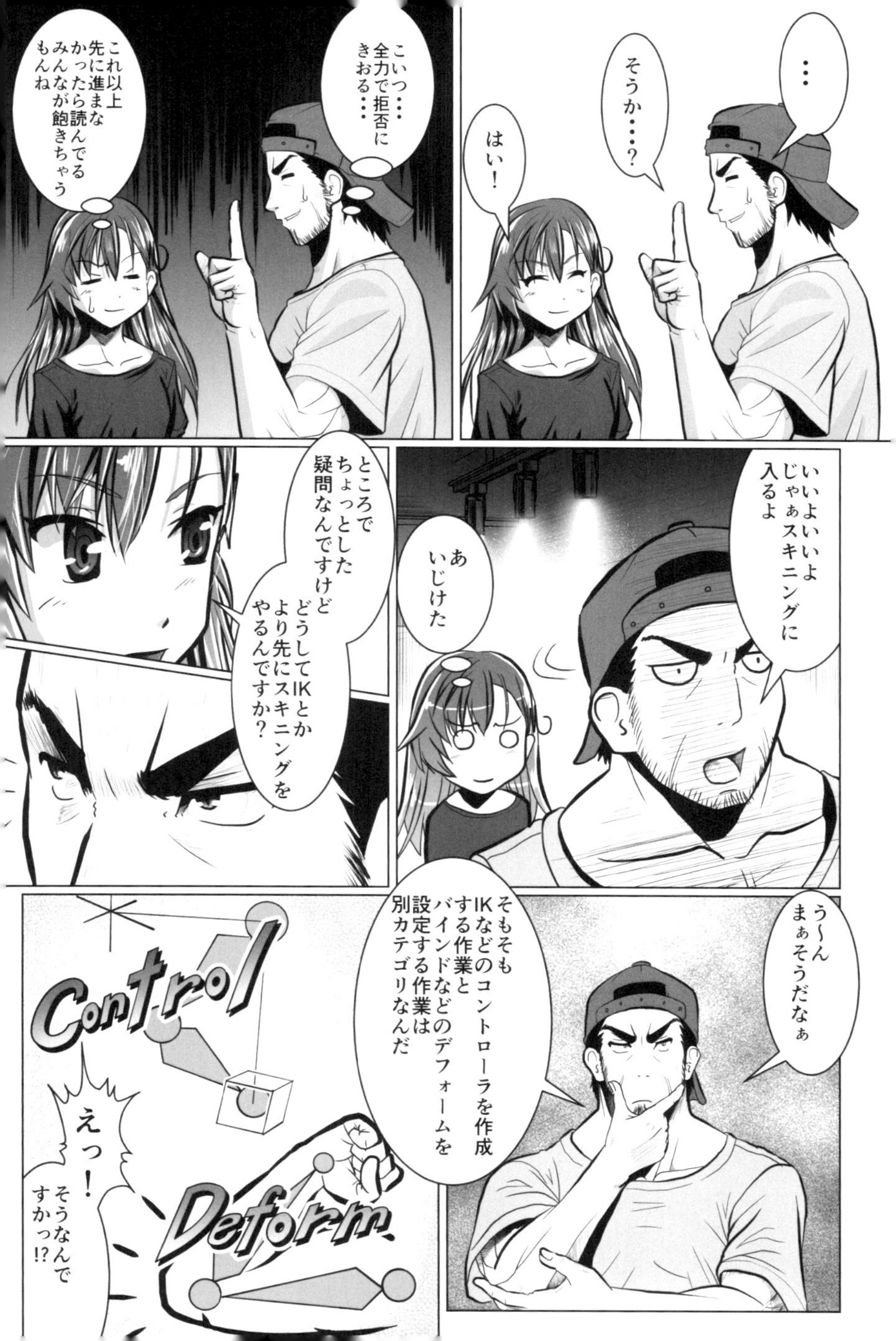

…
そうか…？
はい！
こいつ…全力で拒否にきおる…
これ以上先に進まなかったら読んでるみんなが飽きちゃうもんね
いいよいいよ じゃぁスキニングに入るよ
あ いじけた
ところでちょっとした疑問なんですけど
どうしてIKとかより先にスキニングをやるんですか？
う～ん まぁそうだなぁ
そもそもIKなどのコントローラを作成する作業とバインドなどのデフォームを設定する作業は別カテゴリなんだ
Control
Deform
えっ！
そうなんですかっ⁉

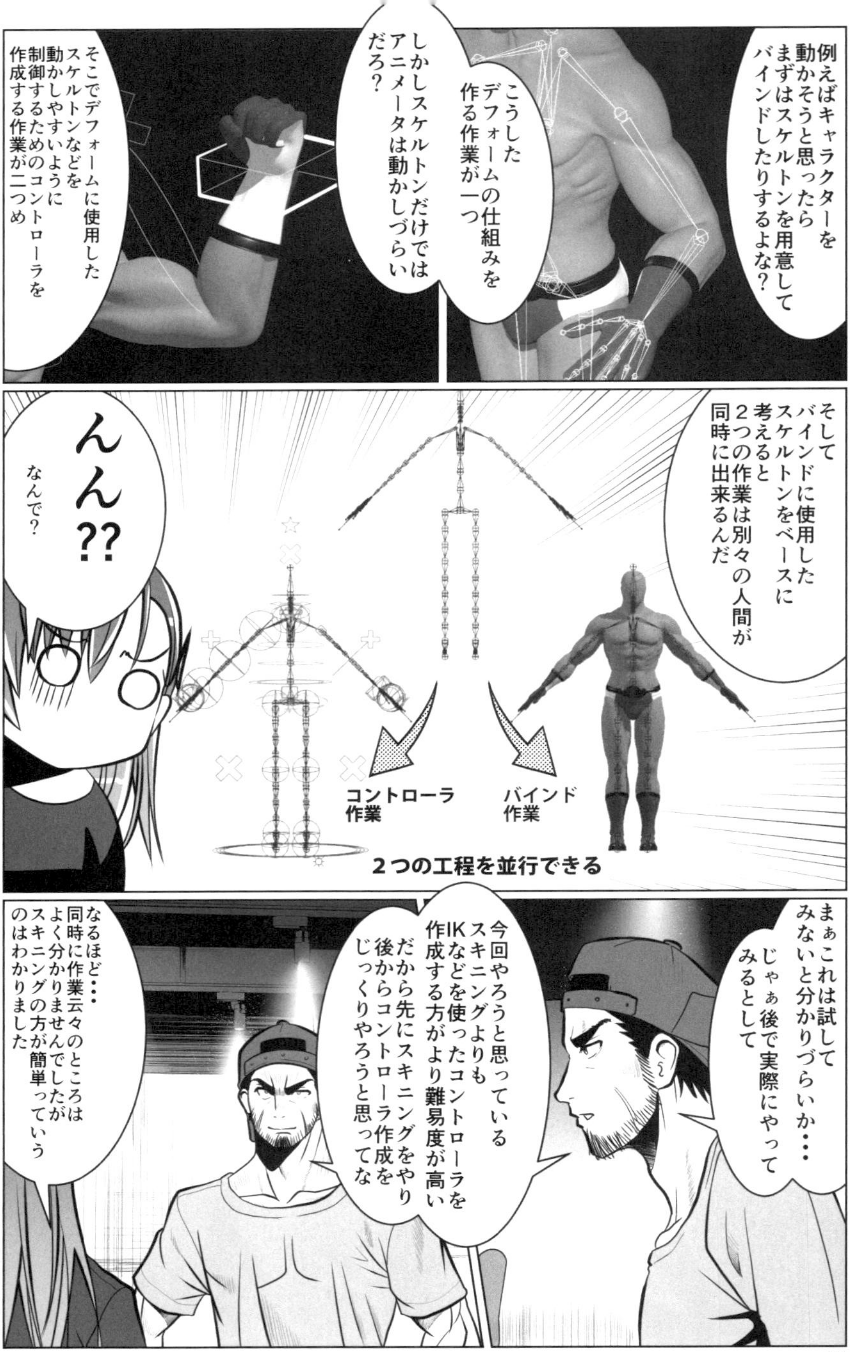
例えばキャラクターを動かそうと思ったらまずはスケルトンを用意してバインドしたりするよな?
こうしたデフォームの仕組みを作る作業が一つ
しかしスケルトンだけではアニメータは動かしづらいだろ?
そこでデフォームに使用したスケルトンなどを動かしやすいように制御するためのコントローラを作成する作業が二つめ
そしてバインドに使用したスケルトンをベースに考えると2つの作業は別々の人間が同時に出来るんだ
コントローラ作業
バインド作業
2つの工程を並行できる
んん?? なんで?
まぁこれは試してみないと分かりづらいか・・・ じゃぁ後で実際にやってみるとして
今回やろうと思っているスキニングよりもIKなどを使ったコントローラを作成する方がより難易度が高い だから先にスキニングをやり後からコントローラ作成をじっくりやろうと思ってな
なるほど・・・同時に作業云々のところはよく分かりませんでしたがスキニングの方が簡単っていうのはわかりました

スキニングもやり込めばかなり奥が深いんだって事は忘れないでおいてくれよ～
じゃぁスキニングを始めようって事でやってみて
えっ！いきなり!?
バッチリ予習して来たんだろ～
まぁそれなりには・・・
ではスキニングをやりまーす
体のジオメトリとジョイントを選んで・・・
Mesh Display
Skin Deform Constrain Control
Bind
Bind Skin
Interactive Bind Skin
Unbind Skin
Go to Bind Pose
バインド！
待てぇぇぇいっ！
今バインドする時にBind Skinのオプションを開かなかったが・・・
今回は最初のバインドだしちゃんと見とかないといけないんでないかね？
ずぅぅぅん
な・・・
なんでしょう？

う・・・
ごもっともで
ございます
フフン
カク
ただ・・・
バインドのオプションって
ゴチャゴチャしてて
難しいんですよねぇ・・・
確かに
最近いっきに
新機能が
増えた反面
UIは項目が増えて
取っ付きづらくなった
感は否めないな
とは言え
まったくわからんと
言う訳にもいかんだろ
折角の機会だし
ちゃんと勉強するぞ
うす・・・
じゃぁ早速
バインドオプションを
開いてみよう
Bind Skin Options
Edit Help
Bind to: Joint hierarchy
Bind method: Closest distance
Skinning method: Classic linear
Normalize weights: Interactive
Weight distribution: Distance
Allow multiple bind poses
influences: 5
Maintain max influences
Remove unused influences
Colorize skeleton
Include hidden selections on creation
off rate: 4.0
う・・・
この威圧感・・・
確かにこうやって改めて
じっくり見てみると
昔に比べてだいぶ
増えたなぁ

だがこれも一つずつ見ていけばそんな難しい内容は無いから安心しろ
は・・・はい
まずは一番上「Bind to」は簡単だ
Bind to: Joint hierarchy
Bind method: Closest in hierarchy
Skinning method: Classic linear
Normalize weights: Interactive
Weight distribution: Neighbors
Allow multiple bind poses
Max influences: 3
Maintain max influences
Remove unused influences
Colorize skeleton
Include hidden selections on creation
Dropoff rate: 4.0
バインドする時に選択したジョイントとそれより下の階層のジョイントを全てバインド対象にする「Joint hierarchy」と
root
body_cage
hip_jnt
spineA_jnt
spineB_jnt
spineC_jnt
neck_jnt
head_jnt
headEnd
allSet
defaultLightSet
defaultObjectSet
選択ジョイント以下全部使う
選択したジョイントだけでバインドする「Selected joints」だ
今回は選んだジョイント以下をすべてバインドする「Joint hierarchy」を使用する
root
body_cage
hip_jnt
spineA_jnt
spineB_jnt
neck_jnt
head_jnt
headEnd_jnt
allSet
defaultLightSet
defaultObjectSet
選択されたもののみ
あの・・・最後の「Object hierarchy」は何なんでしょう?
質問ー
あぁこれはジョイント以外にもロケータなんかもバインドに使用できるオプションなんだが
正直ロケータでバインドしてもインフルエンスの種類が増えて管理が面倒になるだけなんで忘れてしまっていい
ま・・・はっきり言って蛇足機能だな

さて 次が「Bind method」!!
Bind to:
Object hierarchy
Bind method:
Closest distance
Classic linear
Interactive
Distance
このオプションこそが今回の話の肝だ!!
・・・
ふむ・・・
「Bind method」とはバインドする時にどういう方法でウェイトを割り振るかを指定するためのオプションだ
つまりこのオプションでどれを選んだとしても後でウェイト調整をしてしまえば結果は同じになるわけだ
う〜ん じゃぁこのオプションはそんなに重要じゃないような気がするんですが・・・
その通り! 確かにウェイトを調整した結果だけを見ればそんなに重要な機能ではない
だがっ!!
こと効率性に着目するとだいぶ話が変わってくるんだ!
まずは結果から見てみよう
Bind methodの項目は全部で4種類あるが
Object hierarchy
Closest distance
Closest distance
Closest in hierarchy
Heat Map
Geodesic Voxel
5
Maintain max influences
Remove unused influences
Colorize skeleton
正直「Closest distance」はどうでもいいので今回はパスする

細かい話は置いといて
まずは残り3つで
それぞれバインドして
結果を見てみよう
結果が
わかりやすいよう
まずは肘を曲げて
みたぞ
Geodesic Voxel
Heat Map
Closest in hierarchy
Closest in hierarchy
はチューブがグニャって
曲がったみたいですね～
一番残念な感じかも・・・
Heat Mapは曲がり方が
一番固そう
Closest in hierarchy
は昔からあるバインド方法で
当然結果はあまり芳しくないな
Heat MapはMaya 2013から
Geodesic VoxelはMaya 2015から
それぞれ新機能として登場した
バインド方法だ
Heat MapとGeodesic Voxel
では結果が変わって見えるが
この違いはfalloff値の違い
によるところが大きい
実際2つのfalloff値を
同じにしてバインドして
みると・・・
Weight distribution: Distance
Allow multiple bind poses
Max influences: 5
Maintain max influences
Remove unused influences
Include hidden selections on creation
Heatmap falloff: 0.68
Maintain max influences
Remove unused influences
Falloff: 0.68
ホントだっ！
まったく同じ
結果に
なってる!?
Heat Map
Geodesic Voxel
オオ

厳密には違うんだがな
特に今回のモデルで言えば脇まわりの処理は著しく結果が変わる
Heat Map
Geodesic Voxel
えぇっ!? こんなに違うんですか!?
これで見るとGeodesic Voxelの方が残念な結果に見えますね
でもGeodesic Voxelの方が新機能なんですよね? どう見てもHeat Mapの方が優れてるように見えるんですけど・・・
俺もHeat Mapの結果の方が好きだな
だが・・・
Heat Mapには大きな欠点がある
バインド出来るジオメトリに対して制限が多すぎるんだ
例えばインフルエンスは必ずジオメトリの内側にある必要があったり
非多様性ジオメトリ・・・つまりひとつのエッジや頂点から複数の独立した面が出来るようなヤツはバインドに失敗したり・・・

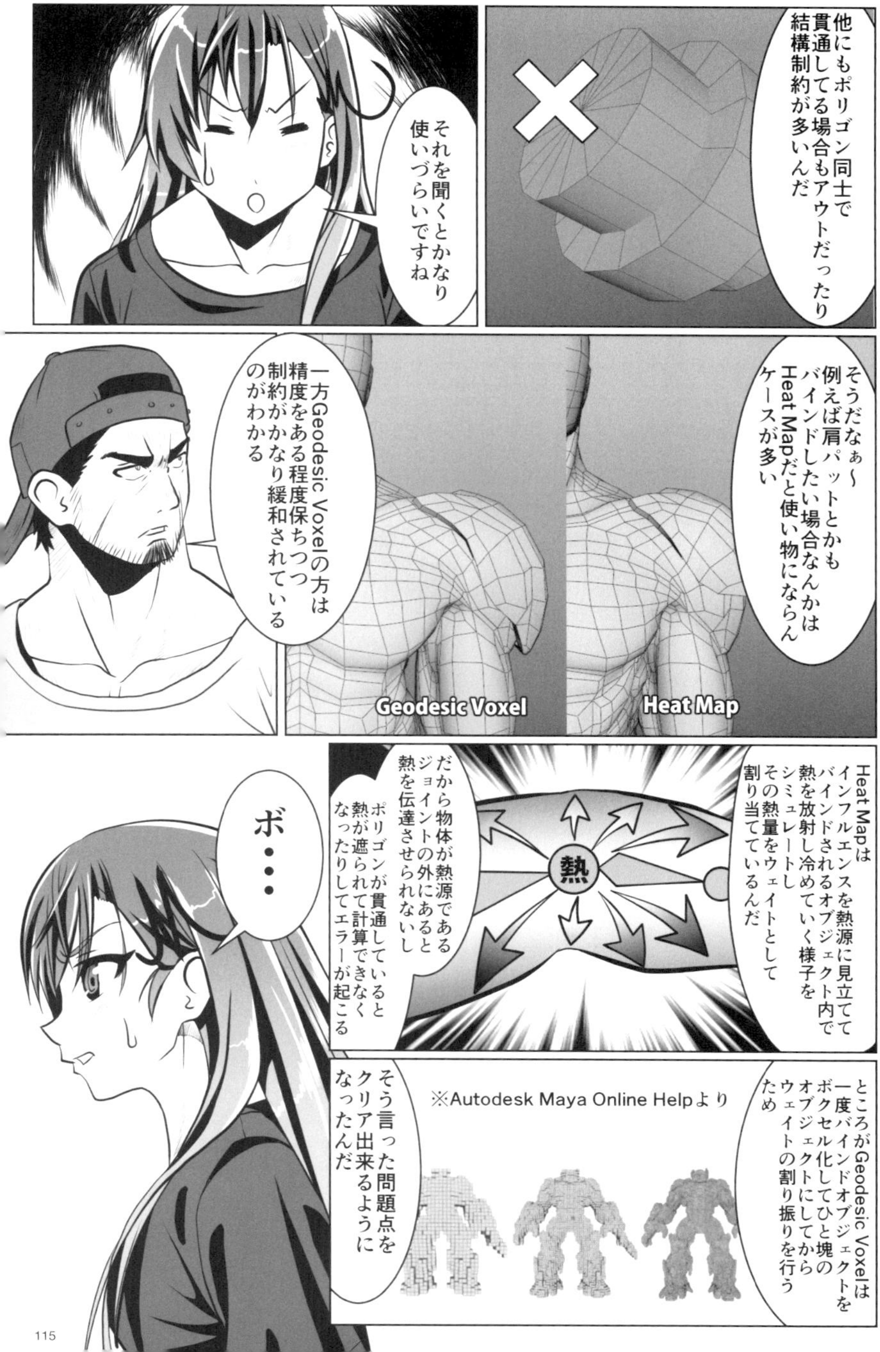
他にもポリゴン同士で貫通してる場合もアウトだったり結構制約が多いんだ
それを聞くとかなり使いづらいですね
そうだなぁ～例えば肩パットとかもバインドしたい場合なんかはHeat Mapだと使い物にならんケースが多い
Heat Map
Geodesic Voxel
一方Geodesic Voxelの方は精度をある程度保ちつつ制約がかなり緩和されているのがわかる
Heat Mapはインフルエンスを熱源に見立ててバインドされるオブジェクト内で熱を放射し冷めていく様子をシミュレートしその熱量をウェイトとして割り当てているんだ
熱
だから物体が熱源であるジョイントの外にあると熱を伝達させられないし
ポリゴンが貫通していると熱が遮られて計算できなくなったりしてエラーが起こる
ボ・・・
ところがGeodesic Voxelは一度バインドオブジェクトをボクセル化してひと塊のオブジェクトにしてからウェイトの割り振りを行うため
※Autodesk Maya Online Helpより
そう言った問題点をクリア出来るようになったんだ

ボクセル？
何だ ボクセル知らんのか？
じゃぁピクセルはわかるか？
あの・・・ドット絵の時のつぶつぶみたいなヤツですよね？
つぶつぶ・・・まぁそうだな
ピクセルは縦横のマス目に■を埋めて絵を作るよな？
ボクセルはそれの3次元バージョンだ
縦横奥の3次元の格子にボックスを置いて形状を生成する手法だ
通常のポリゴン描画は表面だけを作る張り子状態なのに対してボクセルは中身までギッシリ詰める事が出来る
スカスカ
ギッシリ
Geodesic Voxelバインドではボクセル化する事によって中身まで詰まった形状に変換するから
Heat Mapで起こるような問題を解決出来たんだ
なるほどぉ・・・すごい事を考えるもんですねぇ・・・

オートデスク社的には新機能であるGeodesic Voxel」バインドをプッシュしてるし機能的にもナカナカなんでとりあえずはこの機能でバインドしておいて問題ない
先にHeat Mapで試してダメだったらGeodesic Voxelに変えるのもありだろうどの道後からウェイト調整しないといけないのは変わらんしな
う…そうですね…
さてバインド方法でだいぶ時間がとられちまったんでそろそろ次へ行こう
次は「Skinning method」だ
Bind to: Joint hierarchy
Bind method: Closest distance
Skinning method: Classic linear
Normalize weights: Interactive
Weight distribution: Distance
Max influences: 5
Maintain max influences
Colorize skeleton
4.0
Skinning methodはBind methodと違って変形結果自体に影響を及ぼす機能でClassic LinearとDual Quaternionの2種類を選べる
それに加えてその2種類をブレンドする事もできる
Classic Linear
Dual Quaternion
Weight Blended
この機能は後からいつでも切り替えられるが
変形結果が大きく変わるから事前にそのプロジェクトのアニメーションの方向性と相談して慎重に決めたほうがいいだろう
そんなに違うもんなんですか?

これも結果を見れば
一発でわかるぞ
これはClassic Linearで
バインドしている腕だが
この腕をひねると・・・
あらら
やせ細っちゃった
でもなんで
やせ細っちゃうんだろう・・・？
ん？
そんな不思議か？
普通にシリン・・・
お！
まあや！
コレを見てみろよ
す・・・
缶コーヒーの
空き缶？
プレミアム
挽きたて
BDコーヒー
いいか
これを・・・
ぐ・・・

よいしょ
グシャ
!!
ほらな
末端2点から
力をかけてひねると
細るのはごく普通
なんだよ
スチール缶を
指でつまんで
捻じ曲げおった・・・
ぞぞぞぞ
ニィ・・・
ここまで言えば
Dual Quaternionモードの
結果はなんとなく
わかるよな?
Scale Z 1
Visibility on
ageShape
ster1
Envelope 1
Skinning Method Classic Li...
Use Components
Classic Linear
Dual Quaternion
Weight Blended
ヒストリにある
skinClusterの
Skinning Methodを
Dual Quaternionに
変更すると
この通り
やせ細りが
解消されるのさ

・・・って おい・・・
ぐ・・・ びくとも しない
お～い ちゃんと結果 見てんのか～？
え・・・？ あ・・・ はいっ!!
お・・・ おぉ～！ ちゃんと細くなってるのが 解消されてる～!!
でも これだったら Dual Quaternionだけで 大丈夫じゃないですか！
・・・と いうわけには いかないんですよね？ きっと
フンガ
お・・・ だんだん分かってきた じゃないか まあや君
実は残念な事に Dual Quaternionは 一軸方向への スケールが使えないんだ

うわぁ・・・
これは確かに全然使えそうにないですね
以前ジョイントの特性について話した時にスクアッシュ＆ストレッチについて説明したが
これはまさにMayaのジョイントの特性を殺す機構とも言える
だがモーションキャプチャベースのリアル系の作品などではスケールを使わない事が多いので
そう言う方向性の作品内では使用価値が大いにある
だから最初にプロジェクトの方向性と相談が必要と言う話をしたのさ
ポン
なるほどー！
と・・・まぁバインドの肝となる部分は大方話したんで
ぐっ
後はサラッっと流してくぞ～
まずはNormalize weightsとWeight distributionだ
Skin Options
Help
Bind to: Joint hierarchy
Bind method: Heat Map
Skinning method: Classic linear
Normalize weights: Interactive
Weight distribution: Distance
Allow multiple bind poses
Max influences: 5
Maintain max influences
Remove unused influences
Colorize skeleton
Include hidden selections on creation
Heatmap falloff: 0.68
Bind Skin
Apply
Close

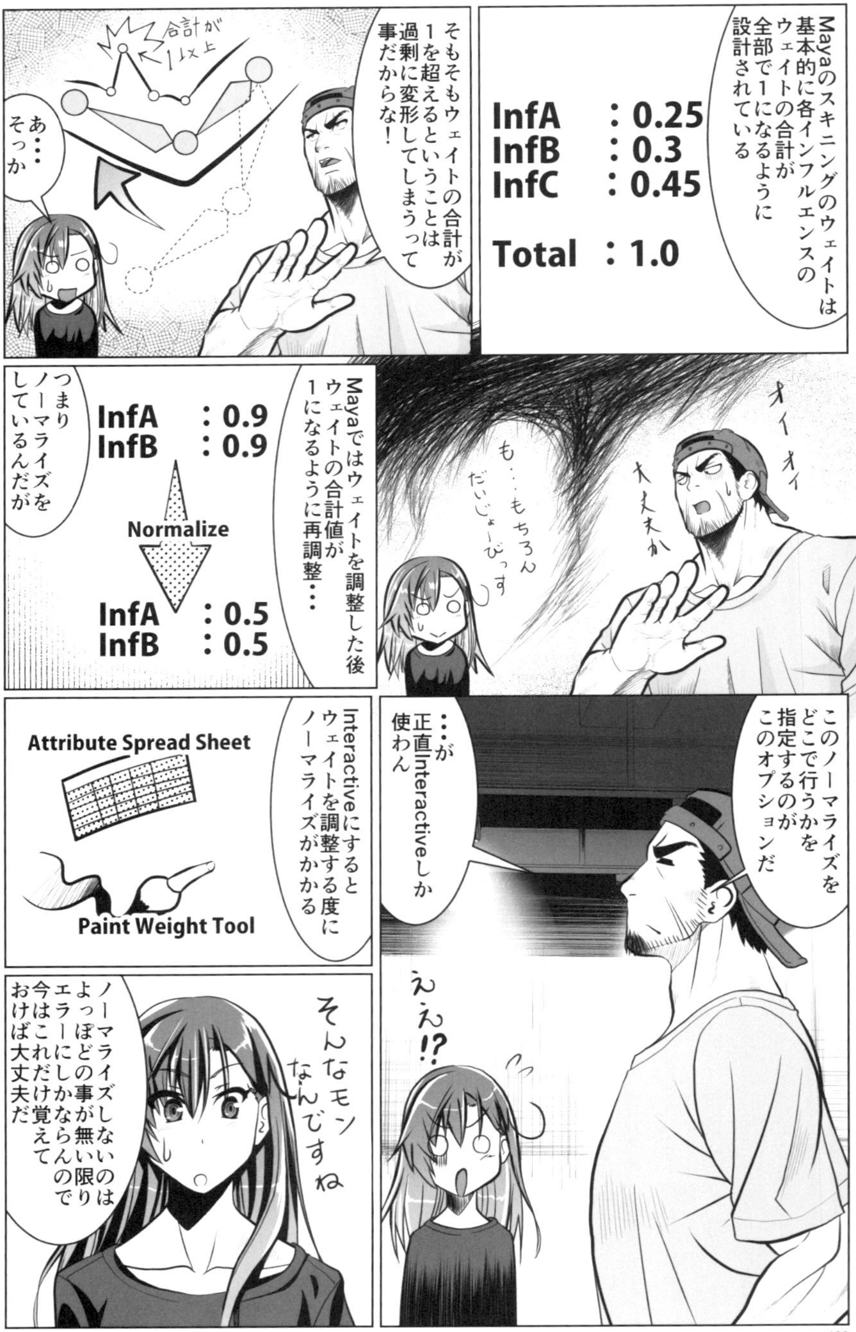

Mayaのスキニングのウェイトは基本的に各インフルエンスのウェイトの合計が全部で1になるように設計されている
InfA ：0.25
InfB ：0.3
InfC ：0.45
Total ：1.0
そもそも1を超えるということは過剰に変形してしまうって事だからな！
合計が1以上
あ・・・そっか
オイオイ
大丈夫か
も・・・もちろんだいじょーぶっす
Mayaではウェイトを調整した後ウェイトの合計値が1になるように再調整・・・
つまりノーマライズをしているんだが
InfA ：0.9
InfB ：0.9
Normalize
InfA ：0.5
InfB ：0.5
このノーマライズをどこで行うかを指定するのがこのオプションだ
・・・が正直Interactiveしか使わん
Interactiveにするとウェイトを調整する度にノーマライズがかかる
Attribute Spread Sheet
Paint Weight Tool
ええ!?
そんなモンなんですね
ノーマライズしないのはよっぽどの事が無い限りエラーにしかならんので今はこれだけ覚えておけば大丈夫だ

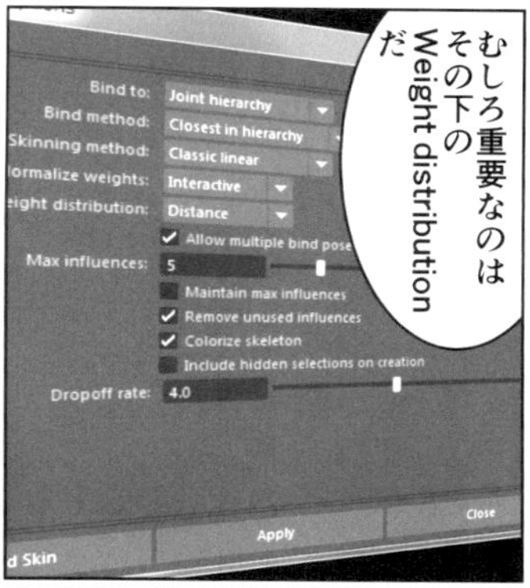

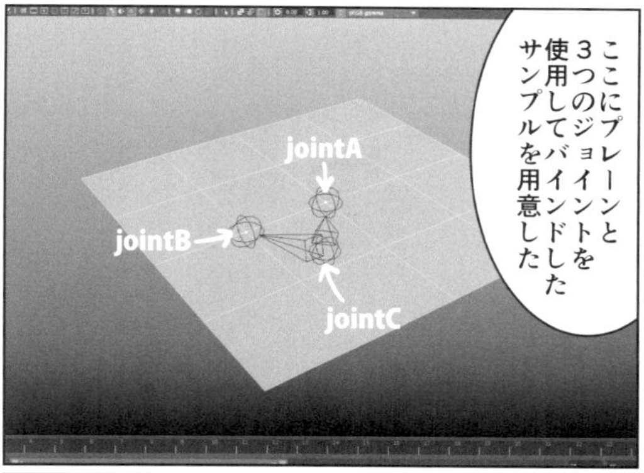

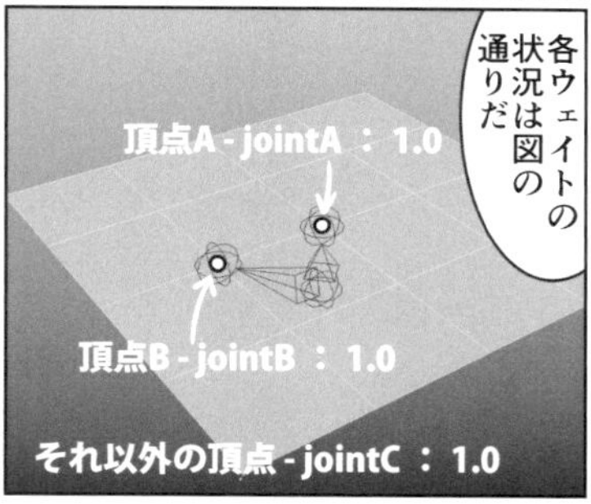

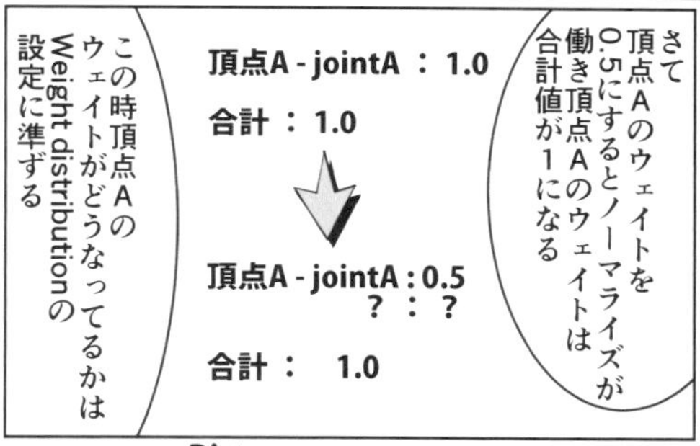

Distance

	jointA	jointC	Total
Hold	off	off	
pPlaneShape1			
vtx[12]	0.500	0.500	1.000

Neighbors

	jointA	jointB	jointC	Total
Hold	off	off	off	
pPlaneShape1				
vtx[12]	0.500	0.125	0.375	1.000

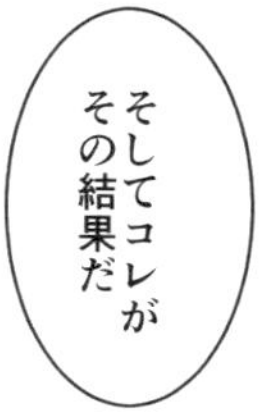

一方Neighborsの方は周辺の頂点のウェイト値をベースに割り当てるから比較的馴染みがいい
なので使うなら基本はNeighborsがオススメだ
モチロン例外もあるがこの機能もいつでも切り替えられるから状況に応じて使い分ければいいだろう
ウェイトの割り振りだけでも細かい設定があるんですね～
でもコレを知らなかったら確かにウェイト調整中に混乱してたかも
ちゃんとやっといて良かったろ？
まぁだがバインド前に覚える重要な情報はだいたいこんなもんだ
あ・・・あともう一点注意しなきゃならんオプションがMaintain max influencesだ
Bind to: Joint hierarchy
Bind method: Closest distance
Skinning method: Classic linear
Interactive
Distance
Max influences: 5
Colorize skeleton
Dropoff rate: 4.0
これがOnになってると一つの頂点に振れるインフルエンスの数に制限が出来てしまうんだ
インフルエンスが上限数に達している状態で新たにウェイトを振ると
OLD
New
既存のインフルエンスのどれかが消し飛ぶぞ
何でまたそんな厄介な機能が・・・？
この機能はゲーム向けで結構重要な機能なんだ
ただMayaは元々映像系ソフトなんだからデフォルトはOffにしておいて欲しいもんだがな

あと覚えておくと便利なのは
バインドメソッドが
Heat Mapか
Geodisc Voxelの時の
Falloffくらいかな
Falloff：0
Falloff：1
これは単純に0に近いほど
柔らかくバインドされ
1に近いほど固くなる
チラッ
・・・と
思ったより長く
なっちまったな
昨日ルールは
多くないって
言ってたじゃ
ないですか・・・
ぬう
キ
いやぁ～
「実作業のルールは多くない」
んだけど
「前準備に覚えること」
は思ったより多かったな(笑)
キラ☆
だ・・・だがこれで
バインドもOKだし
いよいよ
ウェイト調整ダゾ☆
とか何とか言って
また覚えることが
山のように出てくる
気がするなぁ～
そんな事ないって
ただちょっと作業量が
多いだけで
まだまだ道のりは
長～く続きそうな
予感をはらんだままに
一旦バインドは終了
えっ!?
やっぱり
ハードなんですね？
あ・・・
いや
全然そんな事
ないって

PART 7

スキニングとウェイト調整

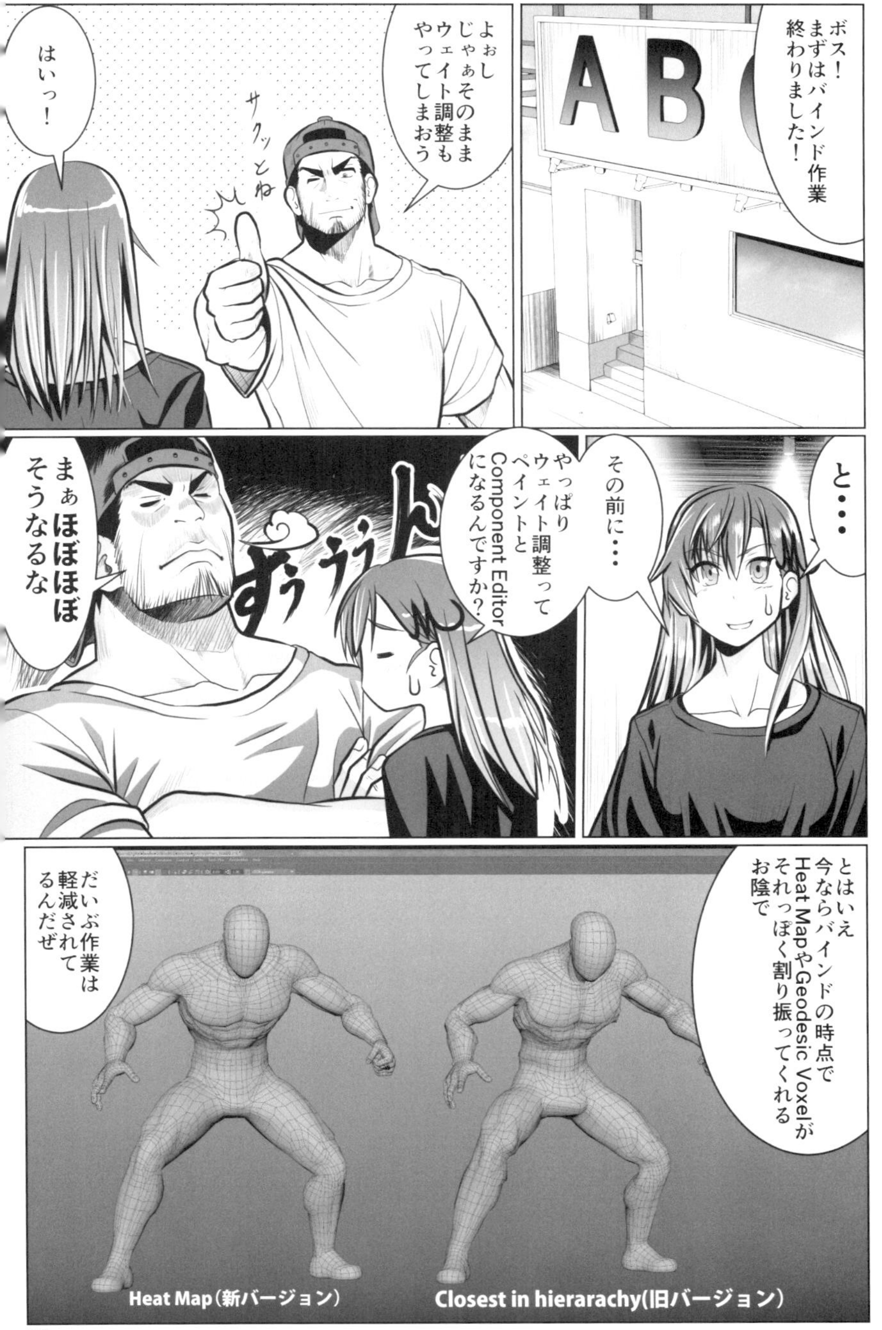
ボス！
まずはバインド作業
終わりました！
よぉし
じゃぁそのまま
ウェイト調整も
やってしまおう
サクッとね
はいっ！
と・・・
その前に・・・
やっぱり
ウェイト調整って
ペイントと
Component Editor
になるんですか？
ずぅううん
まぁほぼほぼ
そうなるな
とはいえ
今ならバインドの時点で
Heat MapやGeodesic Voxelが
それっぽく割り振ってくれる
お陰で
だいぶ作業は
軽減されて
るんだぜ
Heat Map（新バージョン）
Closest in hierarachy(旧バージョン）

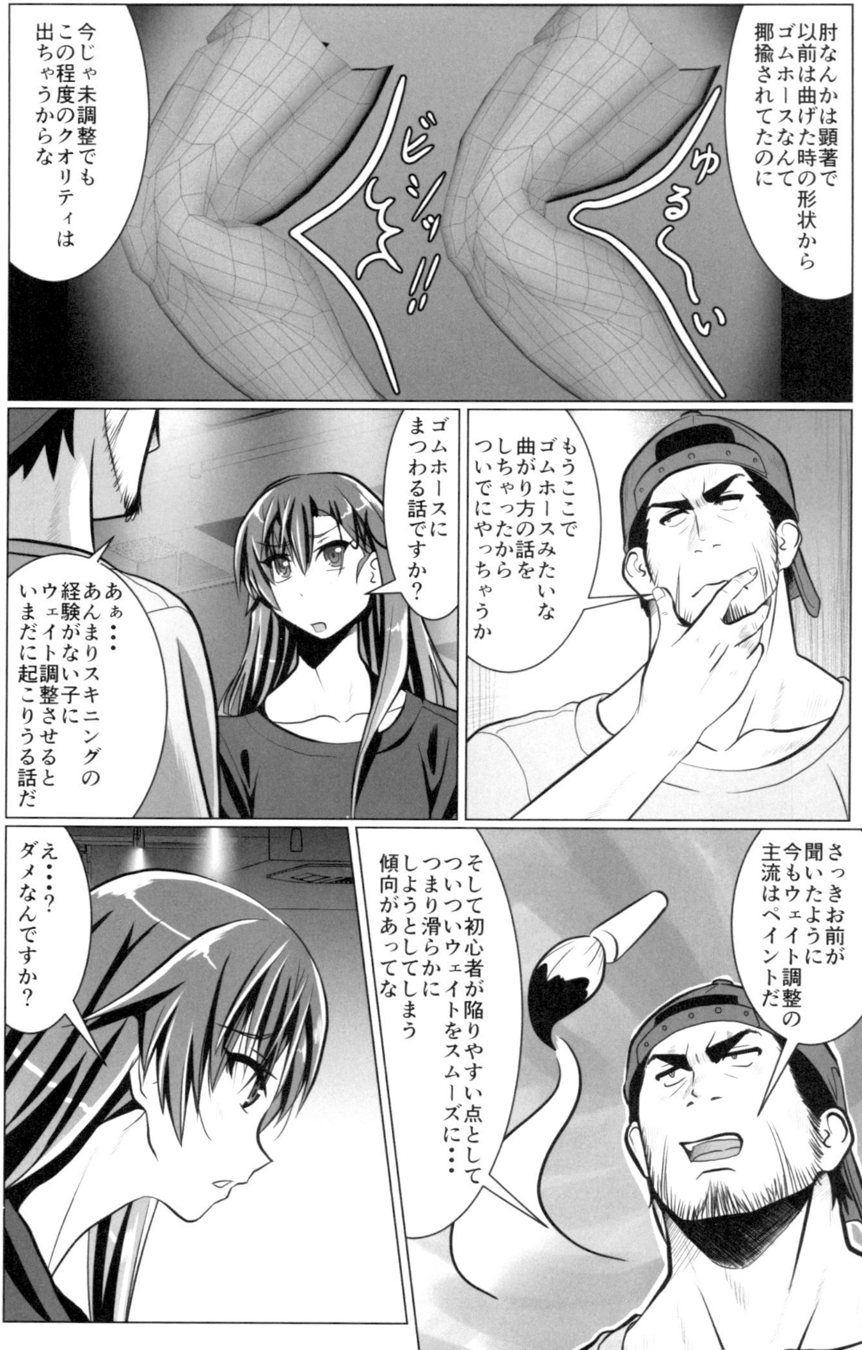
肘なんかは顕著で以前は曲げた時の形状からゴムホースなんて揶揄されてたのに
ゆるく〜い
ビシッ!!
今じゃ未調整でもこの程度のクオリティは出ちゃうからな
もうここでゴムホースみたいな曲がり方の話をしちゃったからついでにやっちゃうか
ゴムホースにまつわる話ですか?
あぁ・・・あんまりスキニングの経験がない子にウェイト調整させるといまだに起こりうる話だ
さっきお前が聞いたように今もウェイト調整の主流はペイントだ
そして初心者が陥りやすい点としてついついウェイトをスムーズに・・・つまり滑らかにしようとしてしまう傾向があってな
え・・・?ダメなんですか?

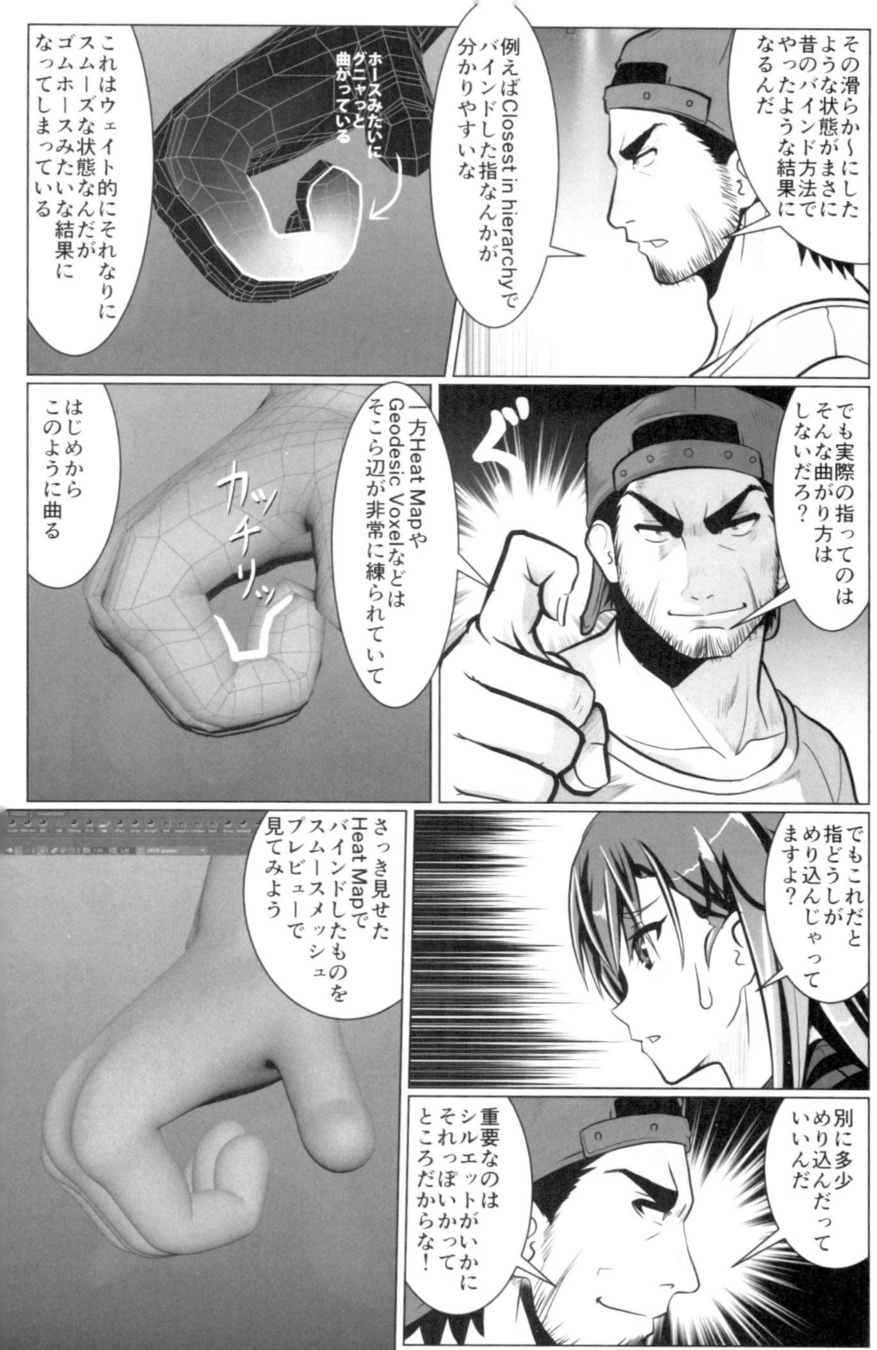
その滑らか〜にしたような状態がまさに昔のバインド方法でやったような結果になるんだ
例えばClosest in hierarchyでバインドした指なんかが分かりやすいな
ホースみたいにグニャっと曲がっている
これはウェイト的にそれなりにスムーズな状態なんだがゴムホースみたいな結果になってしまっている
でも実際の指ってのはそんな曲がり方はしないだろ?
グ
一方Heat MapやGeodesic Voxelなどはそこら辺が非常に練られていて
カッチリッ
はじめからこのように曲る
さっき見せたHeat Mapでバインドしたものをスムースメッシュプレビューで見てみよう
でもこれだと指どうしがめり込んじゃってますよ?
別に多少めり込んだっていいんだ
重要なのはシルエットがいかにそれっぽいかってところだからな!

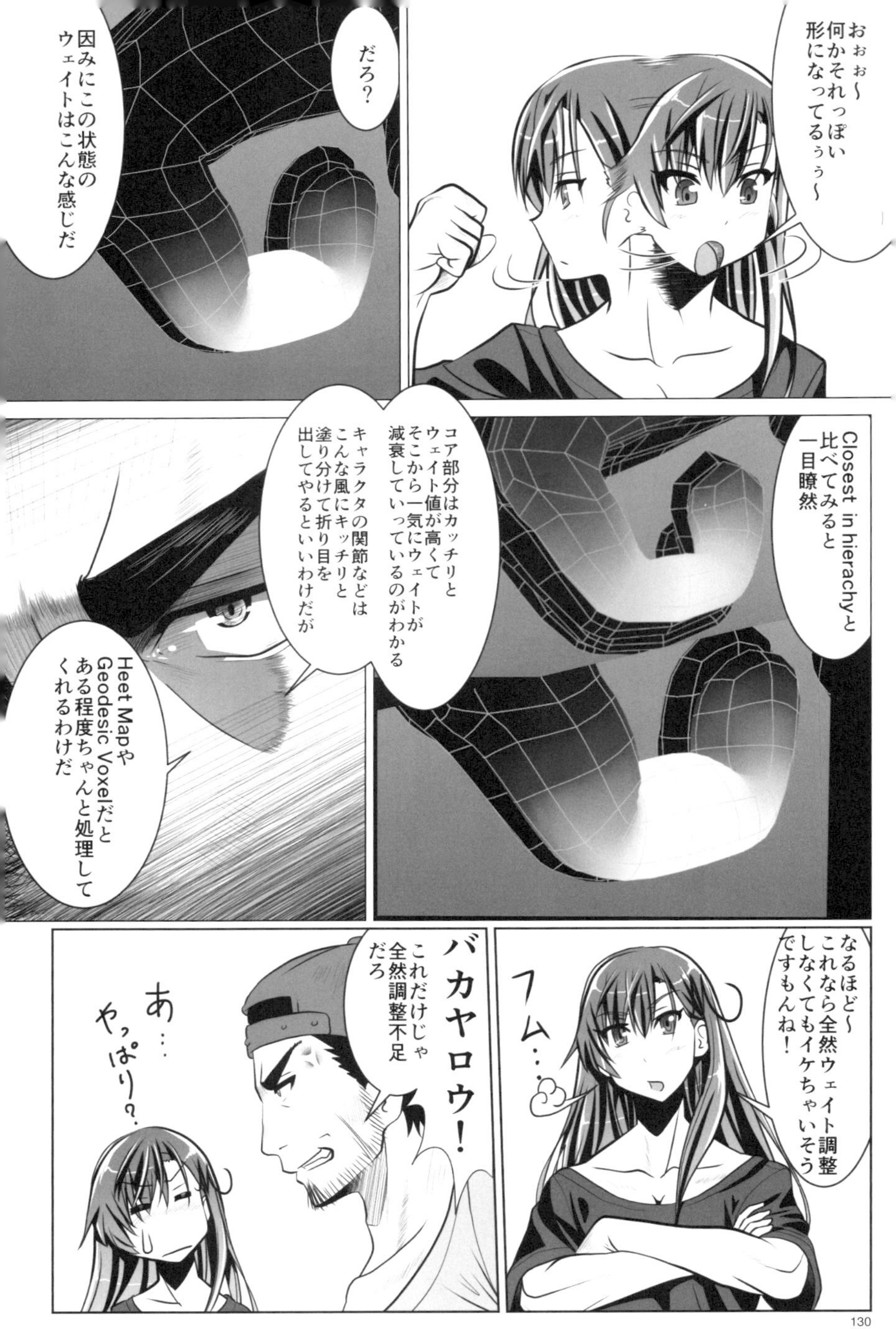
おぉぉ～
何かそれっぽい
形になってるぅぅ～
だろ？
因みにこの状態のウェイトはこんな感じだ
Closest in hierachyと比べてみると一目瞭然
コア部分はカッチリとウェイト値が高くてそこから一気にウェイトが減衰していっているのがわかる
キャラクタの関節などはこんな風にキッチリと塗り分けて折り目を出してやるといいわけだが
Heet MapやGeodesic Voxelだとある程度ちゃんと処理してくれるわけだ
なるほど～これなら全然ウェイト調整しなくてもイケちゃいそうですもんね！
フム…
バカヤロウ！
これだけじゃ全然調整不足だろ
あ…
やっぱり？

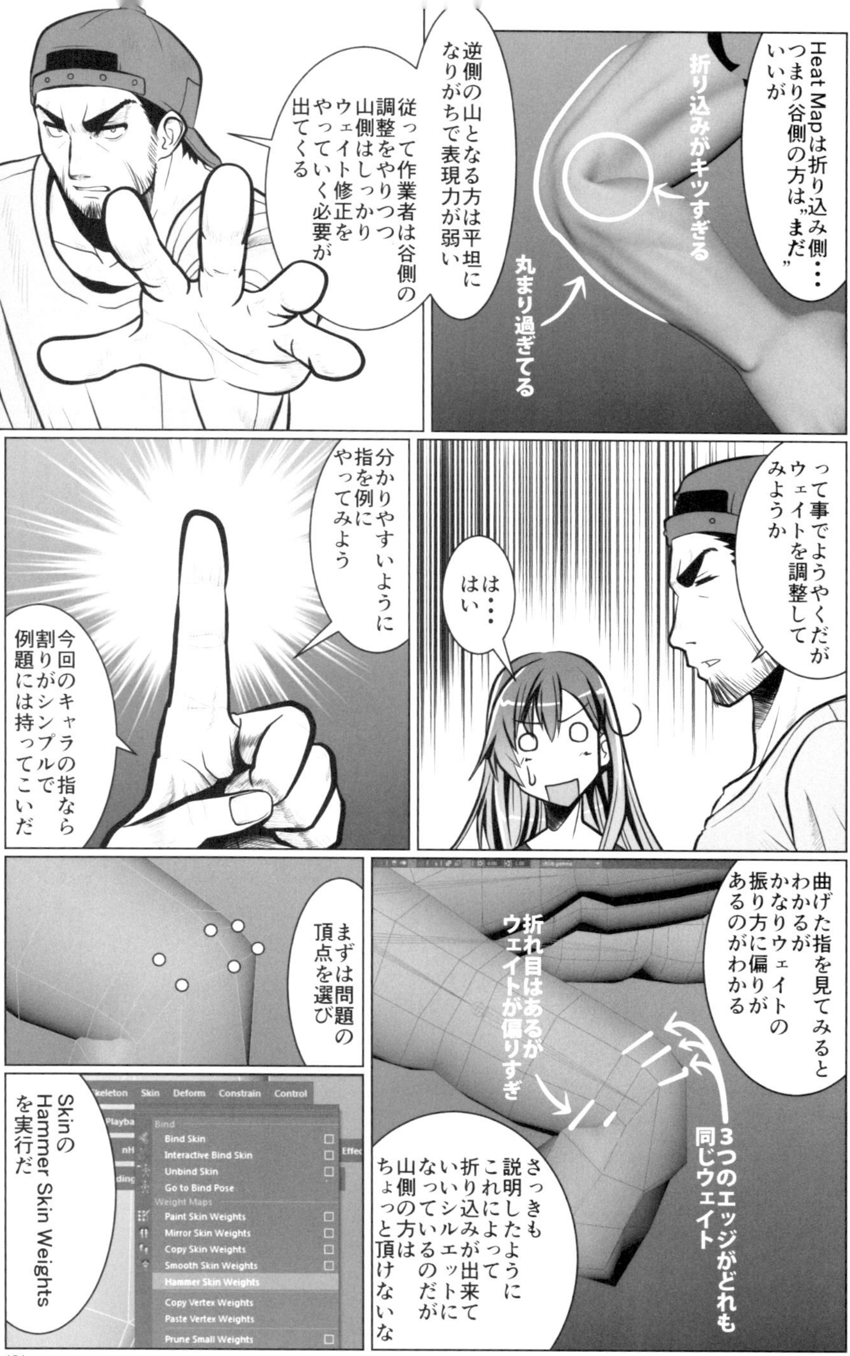

Heat Mapは折り込み側・・・つまり谷側の方は"まだ"いいが
折り込みがキツすぎる
丸まり過ぎてる
逆側の山となる方は平坦になりがちで表現力が弱い
従って作業者は谷側の調整をやりつつ山側はしっかりウェイト修正をやっていく必要が出てくる
って事でようやくだがウェイトを調整してみようか
は・・・はい
分かりやすいように指を例にやってみよう
今回のキャラの指なら割りがシンプルで例題には持ってこいだ
曲げた指を見てみるとわかるがかなりウェイトの振り方に偏りがあるのがわかる
折れ目はあるがウェイトが偏りすぎ
3つのエッジがどれも同じウェイト
さっきも説明したようにこれによって折り込みが出来ていいシルエットになっているのだが山側の方はちょっと頂けないな
まずは問題の頂点を選び
SkinのHammer Skin Weightsを実行だ
Skin Deform Constrain Control
Bind
Bind Skin
Interactive Bind Skin
Unbind Skin
Go to Bind Pose
Weight Maps
Paint Skin Weights
Mirror Skin Weights
Copy Skin Weights
Smooth Skin Weights
Hammer Skin Weights
Copy Vertex Weights
Paste Vertex Weights
Prune Small Weights

あら・・・Paint Skin Weight Toolじゃないんですか?
あくまでほぼほぼペイントとComponent Editorを使うと言うのであって当然他にも使う機能はあるぞ
な～んだそうだったんですねぇ～
てっきり2つしか選択肢が無いのかと思って不安だったんですよ～
カチッ
では実行～
ピッ!!
おぉ!綺麗に丸まった～♥
内部的な処理としてはスムースをかけてるようなもんなんだが
ペイントのSmoothをかけるよりこっちの方が結果がいい場合が多いから
まずは目立った頂点をHammer Skin Weightsで調整していくといいだろう
ハンマーツールの名の通り頂点を叩いてなだらかにしてくれるんですね!
同様に谷側も指を少し開いてやってからHummer Skin Weightsで調整してやろう
間隔が詰まり過ぎている
なるほど!わかりました
うぅぅんと
こんな感じかなぁ?

むぅぅ・・・
ボスぅ どうしても1頂点だけ 上手くいきません
そんな時こそ Paint Skin Weight Tool だな
ニヤ・・・
個人的にだが 設定は Paint Operationを Replaceにして 使用する事を 勧める
え・・・？ Replaceって事は・・・ ウェイトの置き換え・・・ ってことですよね？
その通り Replaceモードにして Valueを1に しておくんだ
代わりに Opacityを 0.1くらいに設定する
ひたすらValue値を 追加していくAddと 違って急激にウェイトが 1になる事がないので 微調整の時に重宝するんだ
なかなか1にならない
Replace
Add
逆にガッツリ1にしたい 場合はAddにした方が いいだろうがな
ふむふむ・・・ そんな違いが あるんですね～
Paint
Select
Replace
Skin Weight
Interactive
0.3592
カチッ!!
ではオススメに 従ってReplaceで 調整してみます

ちょいちょいっと調整してと・・・
カチカチ
出来ましたぁっ!
おいい感じに調整できたんじゃないか
よ~し じゃあおんなじ感じで残りの指もやっちゃおうか
了解で~す
ん? 待てよ・・・
まだ指の1関節しかやってないから残りは・・・
とりあえずたくさんあるぅぅぅぅぅぅっ!?
ぞおおお
ゲエエエ
計算出来ませんでした
うわぁぁぁぁ あの意地悪そうな顔ぉぉぉぉぉぉ!
バインドの説明の終わりにお茶を濁したような言い方してた原因はコレかぁぁぁぁっ!
ニヤニヤ

いいわよっ
いいわよっ！
お望み通りガッツリやって死んでやらぁっ！
1884
THE KAERU
し・・・
死んだ・・・・
前にもこんな事があったような
そろそろ終わったかな？まあや君
ズズズ
えぇ・・・お陰様で楽しく作業できましたわ
指は数が多いし同じ作業の繰り返しだしあんまり映らない事が多いし
かと言って手を抜くと一気にチープに見えると言う作業者泣かせなパーツだよな

この部分ってこうやってチマチマ調整していくしかないんですか？
まぁなくはないな
例えば指1本だけケージを作りそれのウェイトを調整する
これだけ見るとなんかグロ画像みたいだな
ウェイトの調整が終わったらウェイト情報をスクリプトなどで一度外部に書き出す
今度は他の3本にケージをコピーしてあわせる
この時特に関節位置に気をつけながら位置を合わせるんだ
コピーして位置合わせしたケージ
そしてそれぞれの指のケージを該当するジョイントでバインドしておいてから
Weight ファイル
さっき書き出したウェイト情報をそれぞれの指に適用する
最後に該当部位の頂点を選んでウェイトをコピーすれば完了だ
ウェイトをスクリプトで・・・書き出してコピー？
そんな事が出来るんですか？
ズズ・・・
モチロンだ

だがここら辺の話になるとちょっと複雑なんで
コト・・・
またいつか機会があったらその時だな
ところで指の調整したヤツはどうなった?
あ・・・はいっ!見てください!!
どれどれお・・・結構カッチリと調整したな
はいっ最終的にはペイントウェイトで結構微調整しました
数がめっちゃあったから調整が大変でしたけど・・・
はは・・・
とりあえずこれでいいんじゃないかな
やった~終わったぁ
「とりあえず」って言葉が気になりますけど
もちろんクオリティ的にはまだまだ詰めるところがあるからな

例えば指を曲げた時の山側は本当はもっと角っぽい感じになってるだろ？
Inf
新しいインフルエンス
Inf
だがこれを再現するには新しくインフルエンスを追加する必要がある
むぅぅぅ
Inf
押し出す
Inf
曲がる
追加したインフルエンスはさらに指の角度によって動くような仕組みも必要になってくるんだ
ウェイト修正はデッサンと同じで少ないインフルエンスでまずはしっかり形を作り
後から追加したい部分を入れていった方が無駄がなくていいからこういったディティール出しはまた今度だな
指では割りが単純だった場合を想定して説明したが
今度は逆に割りが多い場合をやってみよう
コッチのケース・・・と言っても大半がこれだが・・・
この場合は先にペイントである程度調整した後に変な頂点をHammerでスムースにする感じだな

手順は逆ですけど
あんまりやることは
変わらないですね
そうだな
だが調整はいくらやっても
完璧な終わりがないから
大変なんだよな
逆にリギングの中では
数少ないデザイナー的観察力が
問われる作業でもあるから
やり甲斐のある作業でもあるがな
なるほど！
そう言われると
やる気が出てきました！
ぐっ
どおおん
よっしゃ
頑張りますヨぉ～！
おぉ
頑張れ
A B
入口
う～ん
ずず

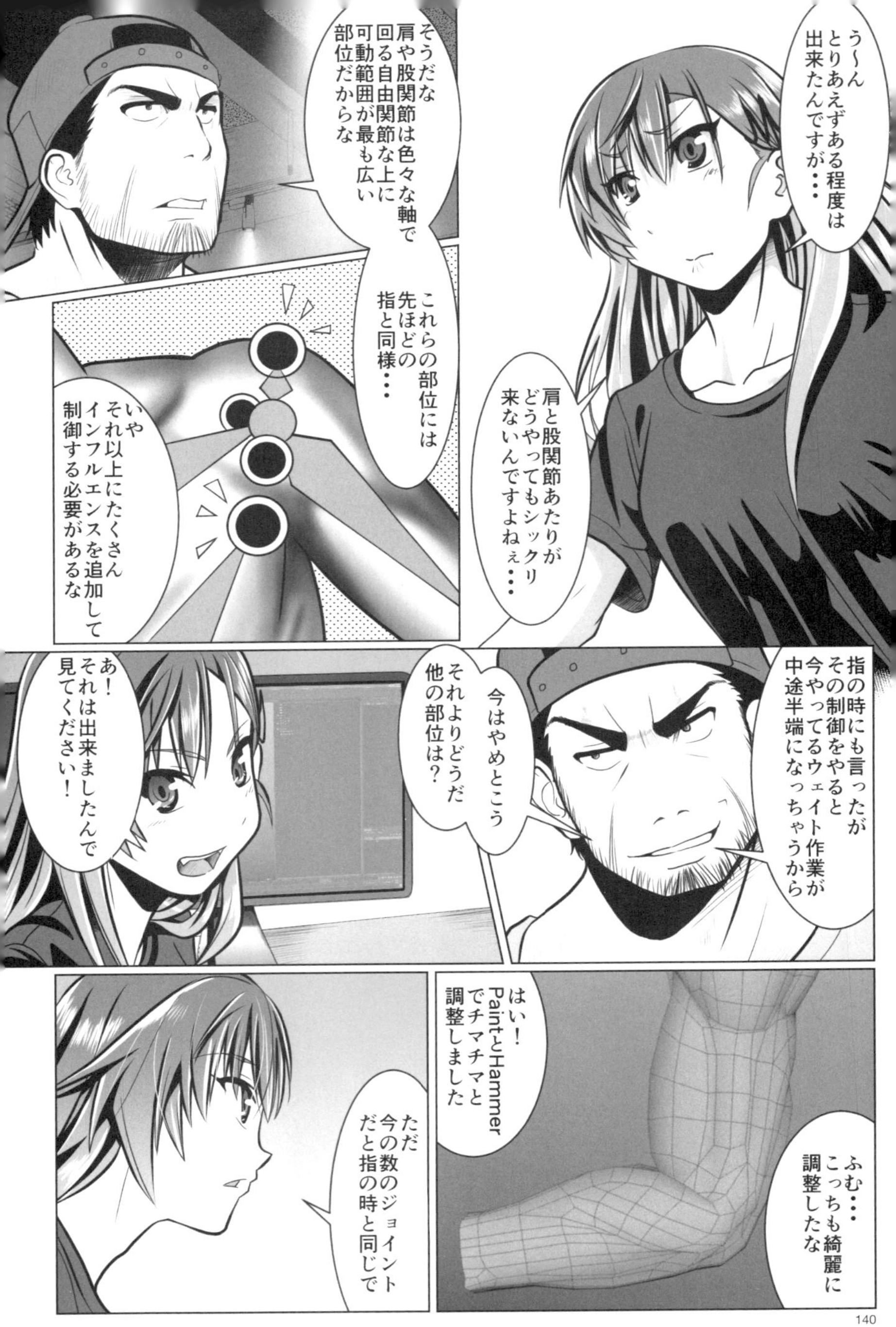

う～ん とりあえずある程度は 出来たんですが・・・
肩と股関節あたりが どうやってもシックリ 来ないんですよねぇ・・・
そうだな 肩や股関節は色々な軸で 回る自由関節な上に 可動範囲が最も広い 部位だからな
これらの部位には 先ほどの 指と同様・・・
いや それ以上にたくさん インフルエンスを追加して 制御する必要があるな
指の時にも言ったが その制御をやると 今やってるウェイト作業が 中途半端になっちゃうから
今はやめとこう
それよりどうだ 他の部位は？
あ！ それは出来ましたんで 見てください！
ふむ・・・ こっちも綺麗に 調整したな
はい！ PaintとHammer でチマチマと 調整しました
ただ 今の数のジョイント だと指の時と同じで

肘の角がピシっと出なかったり
折り込みの部分がイマイチにしかならないんですよね
そうだな・・・こんな感じでまずは少ないジョイントで調整していけば
自ずと足りない部分が見えてくるだろ？
そういった部分はまたいずれ調整していこう
何回も言ってる気がするがこれを行うためには連動ギミックなどを作る必要がある
この手のギミックはコントローラを作る時のいわゆるリグ作業と同じでMayaの機能を使う作業になるからな
とりあえず今はウェイト調整の基礎もわかったところで一旦終わりとしよう
え・・・って事は・・・・
って事はぁ・・・・
フル
フル

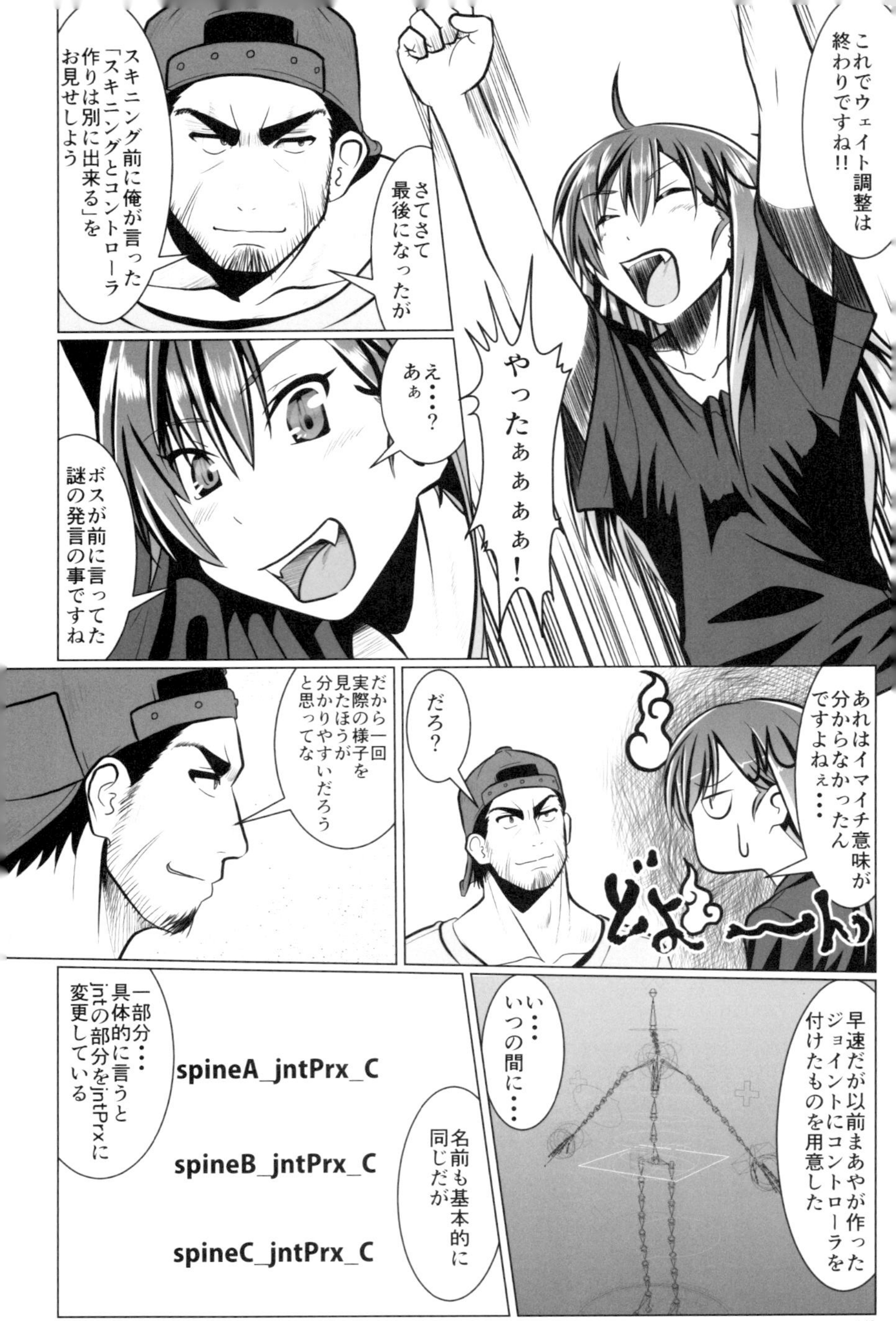
これでウェイト調整は終わりですね!!
やったぁぁぁぁ!
さてさて最後になったが
スキニング前に俺が言った「スキニングとコントローラ作りは別に出来る」をお見せしよう
え・・・?あぁ
ボスが前に言ってた謎の発言の事ですね
あれはイマイチ意味が分からなかったんですよねぇ・・・
どよ〜ん
だろ?
だから一回実際の様子を見たほうが分かりやすいだろうと思ってな
早速だが以前まあやが作ったジョイントにコントローラを付けたものを用意した
い・・・いつの間に・・・
名前も基本的に同じだが
一部分・・・具体的に言うとjntの部分をjntPrxに変更している
spineA_jntPrx_C
spineB_jntPrx_C
spineC_jntPrx_C

うわ・・・あれ全部リネームしたんですか
ん？あぁこんなんスクリプト使えば
たった三行で終わりだぞ
Utilities Python Python
from maya import cmds
for node in cmds.listRelatives('world_trs', ad=Tru
cmds.rename(node, node.replace('jnt', 'bndJnt'
えええええっ!?
リグの話からはちょっと離れるがモデル作る時に名前被りを禁止したり
ジョイントの名前をルールに沿ってつけたりしたのはこのためだ
キラーン
今の例で言えば_で区切られた各ブロックの真ん中のブロックをリネームした
真ん中のブロックはノードの種類を表すというルールで名前をつけたからその部分だけリネームすればノードの種類を変えたと言う事になる
spineC_jntPrx_C
ここだけしか変わらないから
パーツの名称などはそのまま
ルール・・・
そしてスクリプトはこう言ったルールに則って変更を加えたりするのが得意なんだ
特に名前の変更や名前を取ってきて何らかの処理を加える場合などに力を発揮する
大規模なプロジェクトでは名前付けルールが守られているかどうかだけで生産性が大きく変わるのさ
へぇ～

さて 話は戻るが このコントローラのあるシーンにさっきまあやがウェイトを調整したモデルを読み込み
コントローラとウェイト調整済みモデルの元々同じ部位だったジョイント同士をコネクトする
名前はルールどおりに付けているから対応するジョイント同士をコネクトするのも
スクリプトで簡単に出来る
ガチャ
ガチャ
それを実行すると・・・
おお・・・
動いたあああああっ!?
な・・・なるほど・・・
コントローラの骨と私の作ったモデルの骨がまったく同じ動きをしてるんだ・・・

まあやが
ウェイト調整して
俺がコントローラを
作る
ギィ
同時進行
出来ただろ?
ホントですね
同時に作業って
こう言う事
だったんですね
仕組みは
いまいちシックリ
来てないんですけど
流れはわかりました
そうだな
仕組みを知るためには
新たな概念を勉強をする
必要がある
ガタッ
今こそ
その概念を君に
説明しようじゃないか
そう
その概念の名は・・・
その名は・・・?
DGだ
その時
GD・・・?
まあやは
強烈に嫌な
予感に襲われた
と言う
うわぁ・・・
これ絶対
アホみたいに話が
長くなるパターンや
もう話す気満々で
気合十分って感じで
待ち構えてるしぃ~
フ・・・
次回を待て!

頂点選択を極めろ

（まあや）　ぬぅぅぅん。
（ボス）　なんかいつも唸ってるな、オマエ。
（まあや）　お悩み多きお年頃なんですヨ。
（ボス）　・・・ま、いいや。そんで今回は何で悩んでるんだ？
（まあや）　さっきの指のウェイトの話のところで、ボスが指一本だけケージを作って、それをウェイト調整して、スクリプトで書き出す・・・って話をしてたじゃないですか？
（ボス）　おぉ、やったやった。
そのケージを他の指の形に合わせて、ウェイトファイルを適用して、
最後にウェイトコピーすればそれなりに簡単に移植出来るゾ・・・ってヤツだな。

（まあや）　それです、それです！
で、ウェイトを書き出して、ケージの形を合わせて、ウェイトファイルを一部書き換えて、それを適用するところまでは出来たんです。
ウェイトファイルの書き換えとかが大変でしたけど・・・
（ボス）　えっ!?　ウェイトを書き出すスクリプト作れたのか!?
（まあや）　えっ？　ウェイト書き出し機能を使ったんですけど・・・？
（ボス）　えっ!?　そんなのあったっけ？
（まあや）　えっ？　・・・知らないんですか？
（ボス）　えっ!?
（まあや）　えっ？

Deform ＞ Export Weights Maps...
Deform ＞ Import Weights Maps...

（ボス）　こんなんあったんか・・・
（まあや）　えぇ～、ボス知らなかったんですかぁ？　ニヤリ・・・
（ボス）　ぐ・・・！　い・・・いつも自前のスクリプト使ってたから必要なかったんだよ！
（まあや）　リギングの新機能が増えたときもしっかりチェックしておくことが肝要だ
（ボス）　・・・んぐ
お・・・お！　書き出されたファイルはXML形式になってるのか！
これなら後編集も簡単だし、なかなかいいじゃないか!!!
いやぁ、標準機能でこんなのがついてるなんていい時代になったなぁっ!!!
わはははははははは・・・
（まあや）　おほほほほほほほほ
（ボス）　・・・んで、何に悩んでたんだよ！
（まあや）　あ、そうそう。
ウェイトファイルを書き換えて、他の指に形を合わせたケージにウェイトを適用したまではいいんですけど、このウェイトを目的の指に移すのがイマイチわからないんですよぉ～

（ボス）　それなら

Skin ＞ Copy Skin Weights

（ボス）　これで解決じゃね？

（まあや）　コレ、ちゃんと試しましたよぉ。
指の部分だけウェイトをコピーしたいんで、頂点を選択してやろうと
思ったんです。
ヘルプ見たら、「ソースとする頂点を選択し、次にターゲットとする頂点を
選択します」って書いてるんで試してみたんですけど・・・
こんな入り組んだ頂点で、先にソースの頂点を選択して、
後からターゲットの頂点選択するなんて無理ゲーじゃぁぁぁっ!!

・・・というところで、今唸ってます。

（ボス）　あぁ～、確かにアレを普通に選択ツールでやろうと思うと無理ゲーやね。

（まあや）　そうなんですよぉ・・・Isolate Selectでは無理でしたし・・・

（ボス）　そうだな。そんな時は**Set**を使うといい。

（まあや）　Set？

（ボス）　Setは任意のオブジェクトをまとめておける箱みたいなもんだ。

（まあや）　groupと違うんですか？

（ボス）　groupは階層構造を持つDAGしか使えないが、Setはシェーダやテクスチャ、
果ては頂点など、なんでもまとめる事が出来るんだ。

（まあや）　ほぉ～

（ボス）　試しにポリキューブ２つを使ってやってみるか。
pCube1とpCube2を用意し、pCube1の頂点を適当に選んでから

Create ＞ Sets ＞ Set

（ボス）　次にpCube2の頂点を適当に選んでから同じ操作を繰り返す。
そしてOutlinerを見ると・・・

（まあや）　「set1」と「set2」が出来てますね。

（ボス）　set1にはpCube1の頂点が、set2にはpCube2の頂点が入っている。
そしてOutlinerからset1、set2の順に選択してからキーボードの↓を押すと・・・

（まあや）　あ!!　キューブの頂点が選ばれた!!!!

（ボス）　こんな風にSetは任意の要素を格納しておいて、任意のタイミングで選択したり
出来るのさ。
そして、Setを選んだ順番で頂点も選択されてるから、これでウェイトのコピーも
ちゃんと出来るようになるぞ。

（まあや）　おぉぉぉぉぉぉっ！　これは凄いっ！　ありがとうございますっ!!

（ボス）　・・・
・・・なんだよ？

（まあや）　いやぁ、なんか今日は綺麗に終わってしまって不気味というか・・・

（ボス）　ばかやろう、いつも俺の話はエレガントに終わってるわぁぁ！

（まあや）　(^_^;)

PART 8

Dependency Graph

ボス〜！
ボスぅ〜？
あれ・・・居ない
買い物にでもいったかな？
しょうがない
データ整理でもしてますか
ふっふっふ アタシは言われなくてもちゃんとデータ整理をするのだ
まぁやちゃん偉い！
な〜んてね
カチ
げっ・・・
ポリゴンの割りが変なトコ見つけちゃった
むぅ・・・しょうがない
ちゃんと直しておこっかな
エッジがない
Multi-Cutでチョチョイと修正っと
Sculpt Tool
Multi-Cut
Append to Polygon Tool
Insert Edge Loop Tool
Soften/Harden Edge
Extrude
Offset Edge Loop Tool
Smooth
Subdiv Proxy
Crease Tool
Project Curve on mesh
ピッ
ピッ

で～きたっ♥
・・・
とは言ったものの
ヒストリが残っちゃうのが難点なのよねぇ・・・
SHAPES
body_cageShape
INPUTS
polySplit1
skinCluster1
tweak21
どしよ・・・
まいっか
ビクン
よくなあああああああああいっ!!
あら・・・ボスいつの間にお帰りになられたんですか
たった今帰ったゾ
ヒストリがあると言うことはそれだけ処理時間がかかると言うことっ！
そんな事より・・・
それを蔑ろにするとはどういう事かぁぁっ！！

ですけどぉ・・・ではどうやったら消せるんですか？
そんなん簡単だ
メインメニューのEdit > Delete by Type > Non-Deformer Historyを実行する
Visibility
SHAPES
body_cageShape
INPUTS
skinCluster1
tweak21
パッ
それだけで消えるだろ？
おぉぉぉぉホントだぁ・・・
こんな簡単に・・・
な？簡単だろ？
ボスありがとうございました！
うむ！
●●●
くそ・・・仕方ない・・・
・・・

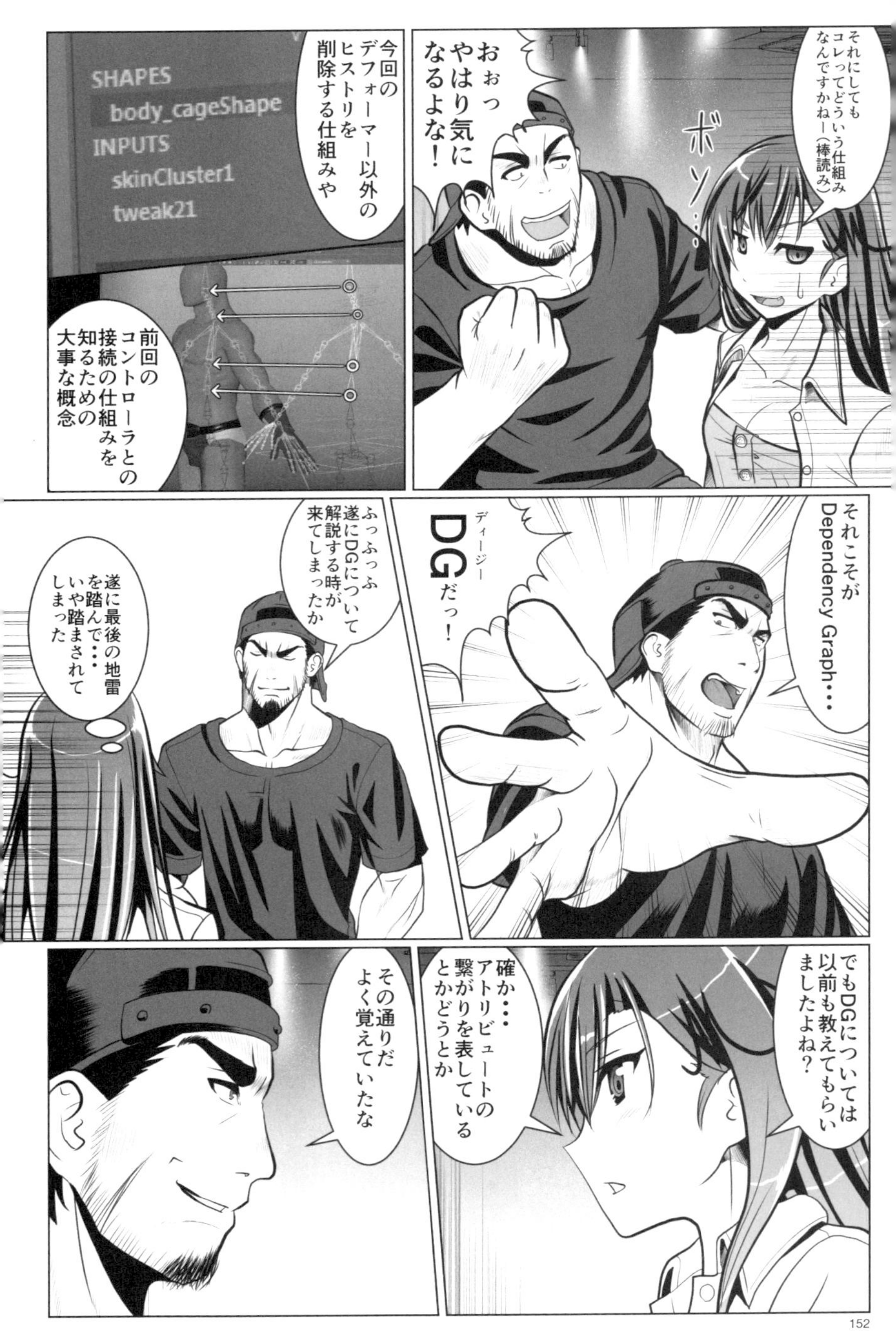
それにしても コレってどういう仕組み なんですかねー（棒読み）
ボソ…
おぉっ やはり気に なるよな！
今回の デフォーマー以外の ヒストリを 削除する仕組みや
SHAPES
body_cageShape
INPUTS
skinCluster1
tweak21
前回の コントローラとの 接続の仕組みを 知るための 大事な概念
それこそが Dependency Graph・・・
DG《ディージー》だっ！
ふっふっふ 遂にDGについて 解説する時が 来てしまったか
遂に最後の地雷 を踏んで・・・ いや踏まされて しまった
でもDGについては 以前も教えてもらい ましたよね？
確か・・・ アトリビュートの 繋がりを表している とかどうとか
その通りだ よく覚えていたな

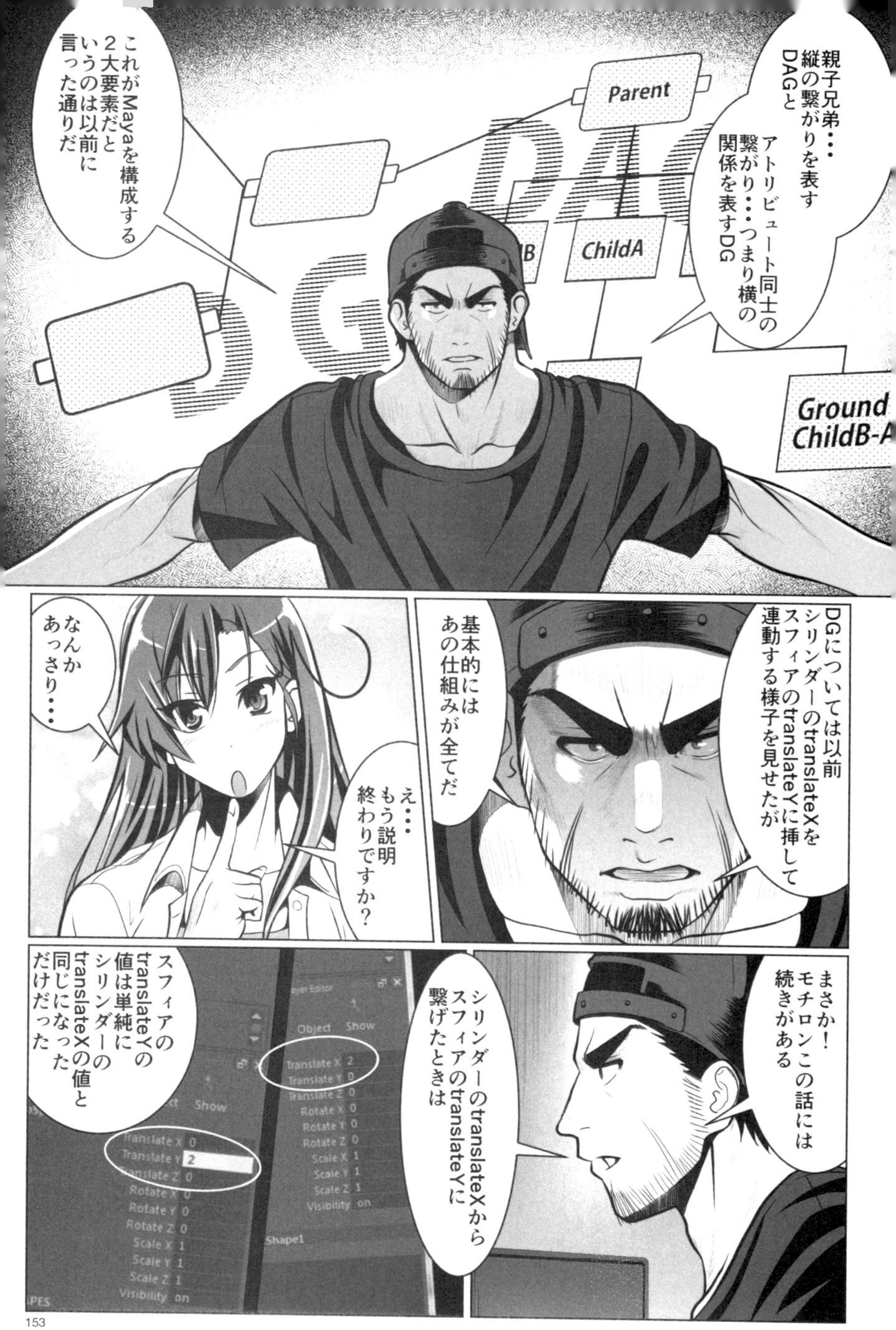
親子兄弟・・・縦の繋がりを表すDAGと
アトリビュート同士の繋がり・・・つまり横の関係を表すDG
これがMayaを構成する2大要素だというのは以前に言った通りだ
Parent
ChildA
Ground ChildB-A
DAG
DG
DGについては以前シリンダーのtranslateXをスフィアのtranslateYに挿して連動する様子を見せたが
基本的にはあの仕組みが全てだ
え・・・もう説明終わりですか?
なんかあっさり・・・
まさか!モチロンこの話には続きがある
シリンダーのtranslateXからスフィアのtranslateYに繋げたときは
スフィアのtranslateYの値は単純にシリンダーのtranslateXの値と同じになっただけだった
Object Show
Translate X 2
Translate Y 0
Translate Z 0
Rotate X 0
Rotate Y 0
Rotate Z 0
Scale X 1
Scale Y 1
Scale Z 1
Visibility on
Translate X 0
Translate Y 2
Translate Z 0
Rotate X 0
Rotate Y 0
Rotate Z 0
Scale X 1
Scale Y 1
Scale Z 1
Visibility on

これはtranslateYのアトリビュートは受け取った値をそのまま使用していると言う事だ
Cylinder 1 >translateX
値2
Sphere1 >translateY
よっしゃ2動くど
つまり入り口と出口が同じ状態だな
と説明ばかりしても意味がわからんだろうから実際のノードで見てみよう
だがノードの中には入り口で受け取った値を加工して出口から出すタイプのものもたくさんあるんだ
別の値
ノード
値2
まずはNode Editorを使うぞ
げっ！ノードエディタァ・・・
Node Editorは以前もチョロっとだけ使ったなメインメニューのWindows > Node Editorでオープンだ！
Modify Display Windows Cache Tools Plus RenderMan
Editors
Animation Editors
General Editors
Relationship Editors
Rendering Editors
Settings/Preferences
Attribute Editor
Outliner
Node Editor
Hypergraph: Hierarchy
Hypergraph: Connections
Paint Effects
UV Editor
Playblast
Editor Layout
View Arrangement
Saved Layouts
Save Current Layout...
Frame All in All Views
Frame Selection in All Views
Minimize Application
Raise Main Window
Raise Application Windows
似たようなものでHypergraphあるがあれはDGの流れを„観る"のに便利だ
対してNode Editorはノードの編集が便利なんだが・・・今回はもうちょっと細かく使い方を学んでいくか
お願いしま〜す
この前はConnection Editorでシリンダとスフィアの接続を行ったが今度はこのNode Editorでそれをやってみるところからはじめよう

まずはシーンにシリンダとスフィアを作ってそれぞれのヒストリを削除しておいてくれ
はい
出来ました～
よしではそれをNode Editorに読み込もう
読み込むにはオブジェクトを選択した状態でNode Editorの「Add selected nodes to graph」アイコンを押す
Add selected nodes to graph
ハイ押しました
あれれ
シリンダとスフィアの2つしか選んでないのに4つ出てきた・・・?
pSphere1
pCylinder1
pCylinderShape1
pSphereShape1
おいおいこれは以前DAGの説明の時にやっただろ?
え～と・・・あっ!そうか!!
Mayaではオブジェクトをシーンに配置するのに位置を表すtransformノードと
形状を表すShapeに分かれてるんでしたね!
transform
位置
Shape
形状

今は２つのオブジェクトを選んでるから２×２で４つって事ですね！
Sphere
Shape
Cylinder
Shape
そういう事
今回はShapeについては必要ないからNode Editorから排除してしまおう
Node Editorから消すには不要なノードを選んでから
「Remove selected nodes from graph」ボタンをクリックだ
Remove selected nodes from graph
Shapeはいらない
Sphere1
pCylinder1
pCylinderShape1
pSphereShape1
さて今回もシリンダのtranslateXをスフィアのtranslateYに接続するぞ
Node Editor
pCylinder1
まずは シリンダの右側の○をクリック
するとサブメニューが出てくるからその中からTranslate > Translate Xを選択だ
pSphere
Bounding Box
Inverse Matrix
Matrix
Object Color RGB
Parent Inverse Matrix
Parent Matrix
Rotate
Scale
Select Handle
Trans Minus Rotate Pivot
Translate
Visibility
World Inverse Matrix
World Matrix
Xform Matrix
Other...
Translate
Translate X
Translate Y
Translate Z
うわっ！何か変な線が出てきましたよ！
これはtranslateXからどこへ接続するのか
指示待ち状態になってるのさ
pCylinder1
pSphere1

その線の先っぽを今度はスフィアの左側の○に繋げてみよう
Editor
Bookmarks
Options
Display
Show
Help
pCylinder1
pSphere1
Rotate
Scale
Translate
Visibility
Other...
Translate X
Translate Y
Translate Z
そして出てきたサブメニューからTranslate > Translate Yを選択だ
ヒョイ
これでまずはシリンダとスフィアのTranslateがつながった
この時値を出しているシリンダのtranslateXを出力アトリビュート
出力
入力
pCylinder1
pSphere1
Translate
Translate X
Translate Y
Translate Z
接続されて動かされている方を入力アトリビュートとでも呼んでおこう
因みに今回のシリンダのように値の提供元となる方のノードをソース
提供される側をデスティネーションと呼んだりもする
?
??
ちょっとややこしいが落ち着いて覚えてくれ
例えばシリンダの場合だと情報となる値を出してるアトリビュートだから出力アトリビュート
でもノードとしては情報の提供元だからソースノードになるんだ
出力アトリビュート
Cylinder
tx
提供元のノードだからソースと呼ぶ

そして繋がりの流れを表すこの図をグラフと呼ぶ
Source
Destinations
Node EditorやHypergraphなどMayaのこれら表示UIではグラフのソースとなる方を左側に起き右へ右へとデスティネーションが配置されていくようになっている
ノードA・B・Cとあってそれがこんな風にならんでたらBはAにとってソースだがCにとってはデスティネーションになる訳だ
Aにとってはソース
Cにとっては
デスティネーション
A
B
C
な・・・なるほど!そう言うことかぁ~
さて話は戻るが今回の接続例ではシリンダのtranslateXの値がスフィアのtranslateYにささっていて
シリンダの値の結果がスフィアにダイレクトに反映されているのがわかる
確かに同じ数字で動いてる~って感じですもんね
では今度はダイレクトに反映されてない例を見てみよう

まずはNode Editor上でTabキーを押してみ
Tabキー?
こうですか?
タン
パッ
pSphere
Translate
Message
Translate
あ・・・何かでた
よし その状態でmultiplyDivideと入力するんだ
わぁ 入力途中に検索候補が!
multi
cMuscleMultiCollide
multilisterLight
multiplyDivide
objectMultiFilter
こりゃ楽ですね〜
出てきた候補のなかからmultiplyDivideを選択してエンターキーだ
(カチャカチャカチャカチャ・・・)
(ッターン!)
ッターンじゃねぇよ!
キーボードは大事にしろよな
ギュウウウウ
しゅびばしぇん
一回やってみたかったんでひゅう

あ・・・何か出来てます
pSphere1
multiplyDivide1
うむ Node Editorではこんな感じで新しくノードを作れるのだ
ヒリ
ヒリ
マルチプライディバイド・・・
掛け算割り算？・・・
multiplyDivide1
ものは試し
さっそくコレを使ってみよう
シリンダのTranslate XをmultiplyDivideのInput 1Xへ
Node Editor
pCylinder1
multiplyDivide1
multiplyDivideのOutput XをスフィアのTranslate Yへ接続するんだ
う〜ん特に変化を感じませんねぇ
ではmulitplyDivideをAttribute Editorで開き
input2の欄の一番左・・・つまりInput 2Xに該当する箇所の値を4にしてみよう
こうですか？
Sample
Attributes
Multiply
Input 1
1.478
0.000
Input 2
4.000
1.000
Behavior
Attributes
ココ!!

ナニコレっ!? スフィアの位置が変わってるっ!?
この状態でシリンダのtranslateXを動かすと・・・
こうですかぁっ!?
カッ
おぉぉぉぉ 何かスフィアの動きが早いっ!!
ヒュッ!!
スー
あ・・・! さっきの４って
ポンッ
４倍って事っ!?
ご明察
シリンダのtranslateXの値はmultiplyDivideを経由する事によって4倍の数値になってスフィアに送られているんだ
因みにmultiplyDivideのAttribute Editorを開いてOperationをDivideに変更すると
Sample
de Attributes
peration
Divide
Input 1
Input 2
No operation
Multiply
Divide
Power

全然動かなくなった
divideって事は・・・割り算されたから動きが1/4になったって事ですね？
なんだ飲み込みがいいじゃないか
フッ
今回みたいに1つないし複数の入力アトリビュートに入った値を使って何らかの加工を行い
まぁ今回の場合は掛け算を行ったわけだが
どもー
ハイテ～
よろしく
A
B
加工!!
C
それを別のアトリビュートから出力する・・・これがもうひとつのDGの使い方であり
この接続と加工を繰り返してMayaのシーンを構築するようになっているんだ
以上がDGの内容だ
え・・・？それだけですか？
思ったより全然少な・・・
そ・・・ルールは簡単だ
だがこれがなかなかどうして奥深くてな

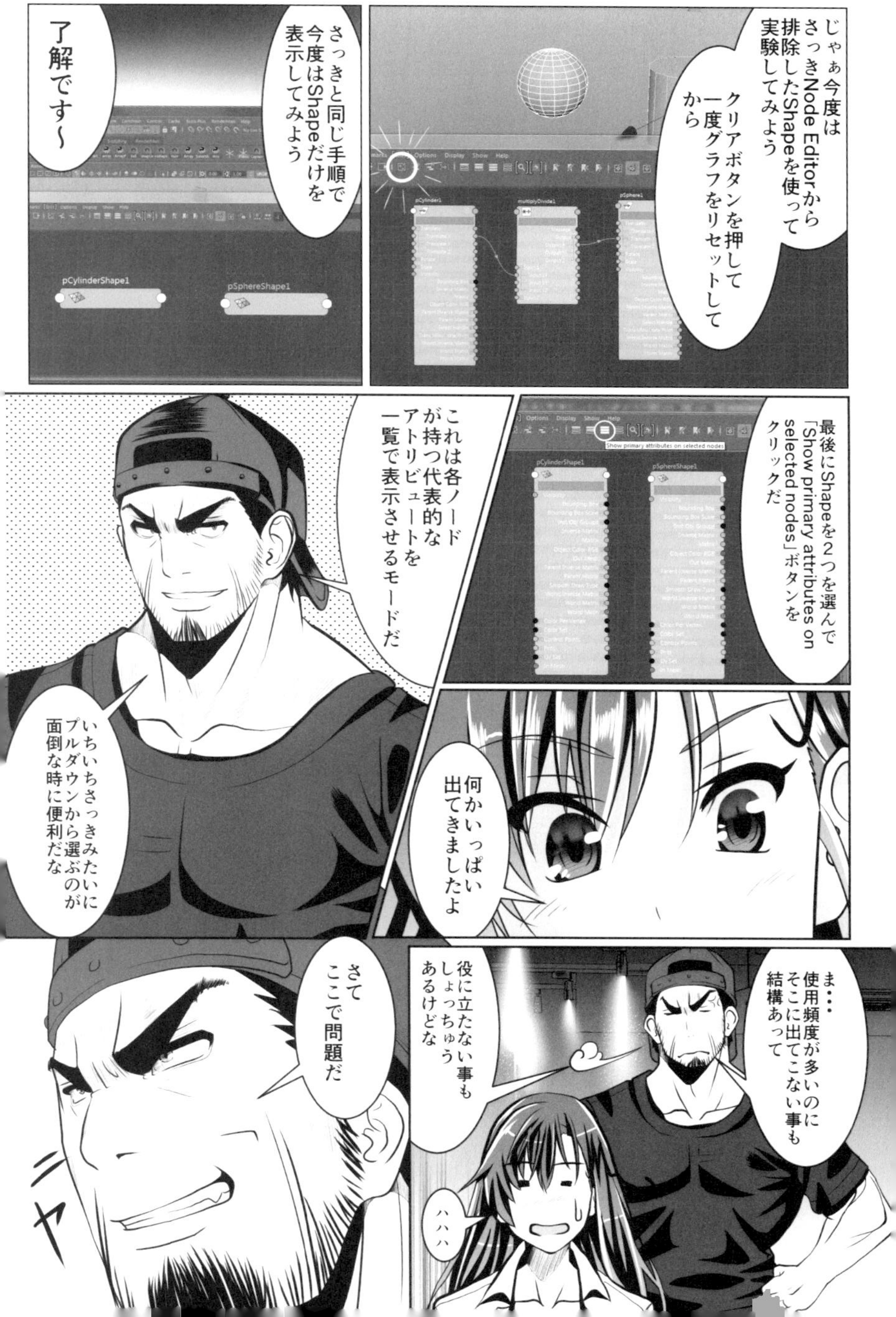

じゃぁ今度は さっきNode Editorから 排除したShapeを使って 実験してみよう
クリアボタンを押して 一度グラフをリセットしてから
pCylinder1
multiplyDivide1
pSphere1
さっきと同じ手順で 今度はShapeだけを 表示してみよう
了解です～
pCylinderShape1
pSphereShape1
最後にShapeを２つを選んで 「Show primary attributes on selected nodes」ボタンを クリックだ
Show primary attributes on selected nodes
pCylinderShape1
pSphereShape1
これは各ノードが持つ代表的な アトリビュートを 一覧で表示させるモードだ
何かいっぱい 出てきましたよ
いちいちさっきみたいに プルダウンから選ぶのが 面倒な時に便利だな
ま・・・ 使用頻度が多いのに そこに出てこない事も 結構あって
役に立たない事も しょっちゅう あるけどな
ハハハ
さて ここで問題だ
ニヤ

pCylinderShape1
Object Color RGB
Out Mesh
Parent Inverse Matrix
ポリゴンの機能を司るこれらShapeの事を正式には"mesh"ノードと呼ぶんだが
meshノードには自身のメッシュ情報を持った出力アトリビュートoutMeshと言うがある
Uv Set
In Mesh
逆に入力アトリビュートもあってこちらはinMeshと言うメッシュ情報を受け取れるようになっている
ではシリンダのoutMeshをスフィアのinMeshに繋いだら果たしてどうなるでしょ〜っか!?
Inst Obj Groups
Inverse Matrix
Matrix
Object Color RGB
Out Mesh
Parent Inverse Matrix
Parent Matrix
Smooth Draw Type
Color Set
Pnts
Uv Set
In Mesh
?
え〜…メッシュの情報を持ったアトリビュートを相手に渡す訳だから…
そもそもメッシュ情報って何だろ…?
ニヤニヤ
う〜ん
ブ…ブレンドシェイプみたいになる…とか?

なるほど
ブレンドシェイプか
なかなか悪くない
発想だな！
よし
じゃぁやってみよう！
この操作はUndoが効かない
からしっかり見てろよ
え！
Undo効かないん
ですか!?
あぁ
この操作はUndo無効だ
だから見れるのは
一回だけだぞ～
で…では
繋ぎます！
!?
パッ
まったく同じ形に
なってる…

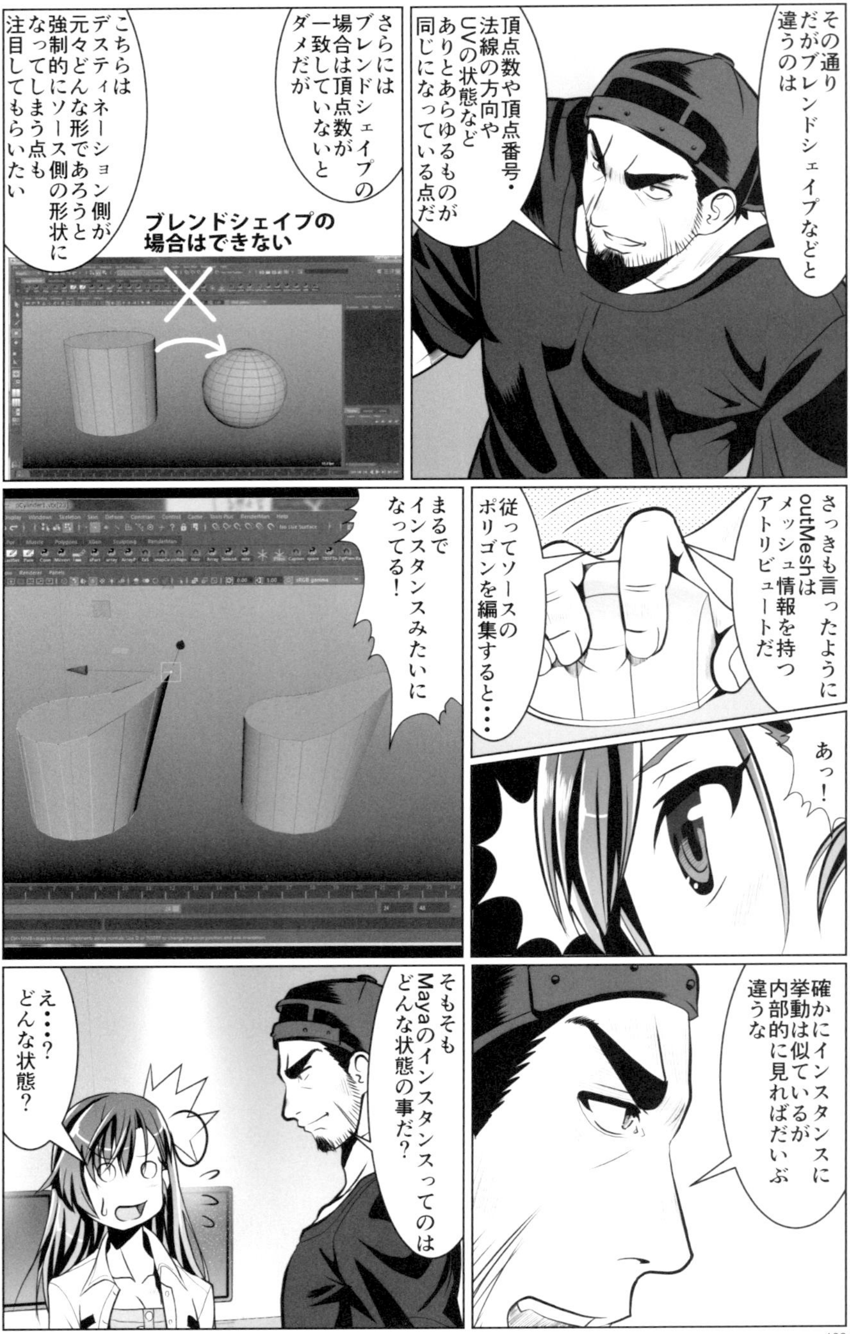
その通り
だがブレンドシェイプなどと
違うのは
頂点数や頂点番号・
法線の方向や
UVの状態など
ありとあらゆるものが
同じになっている点だ
さらには
ブレンドシェイプの
場合は頂点数が
一致していないと
ダメだが
こちらは
デスティネーション側が
元々どんな形であろうと
強制的にソース側の形状に
なってしまう点も
注目してもらいたい
ブレンドシェイプの
場合はできない
さっきも言ったように
outMeshは
メッシュ情報を持つ
アトリビュートだ
従ってソースの
ポリゴンを編集すると・・・
あっ！
まるで
インスタンスみたいに
なってる！
確かにインスタンスに
挙動は似ているが
内部的に見ればだいぶ
違うな
そもそも
Mayaのインスタンスってのは
どんな状態の事だ?
え・・・?
どんな状態?

どんな・・・ってどんなでしょう？
インスタンスはDAGの話に関わってくるな
Mayaでは位置を表すtransformノードの子に形状を表すShapeノードが入れ子になっているのは何度も言った通りだ
位置
形状
そしてインスタンスと言うのは1つのShapeが複数のtransformノードの子になっている状態を言うんだ
transform
transform
transform
ここに表示
ここに表示
本体は1つだけ
Shape
なるほど！だからひとつを変形させれば全部変形されるんだ！
そしてシーンの位置は各transformノードが担ってるから別々に配置出来る・・・
そういう事ですね！
おいおい最近妙に理解が早いじゃないか
何か今まで勉強してきた事がこうひとつに繋がってきたと言うか
するするっと分かる事が増えてきたんですよ～

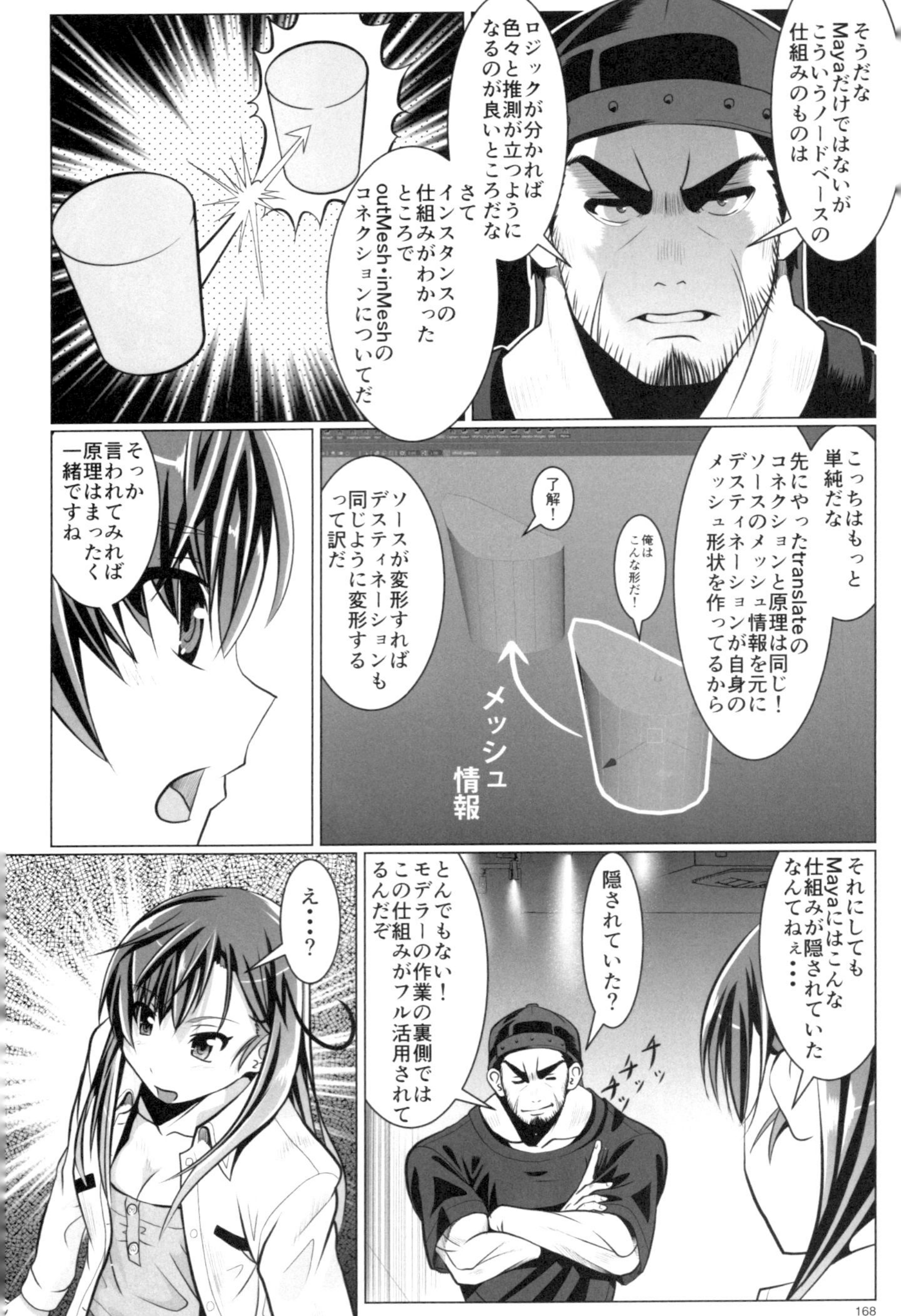
そうだな
Mayaだけではないが
こういうノードベースの
仕組みのものは
ロジックが分かれば
色々と推測が立つように
なるのが良いところだな
さて
インスタンスの
仕組みがわかった
ところで
outMesh・inMeshの
コネクションについてだ
こっちはもっと
単純だな
先にやったtranslateの
コネクションと原理は同じ！
ソースのメッシュ情報を元に
デスティネーションが自身の
メッシュ形状を作ってるから
俺は
こんな形だ！
了解！
メッシュ
情報
ソースが変形すれば
デスティネーションも
同じように変形する
って訳だ
そっか
言われてみれば
原理はまったく
一緒ですね
それにしても
Mayaにはこんな
仕組みが隠されていた
なんてねぇ・・・
隠されていた？
チッ
チッ
チッ
とんでもない！
モデラーの作業の裏側では
この仕組みがフル活用されて
るんだぞ
え・・・？

例えば今はシリンダになった元スフィアを普通にポリゴン編集してみるぞ
スー
押し出しして
ピッ・・・
ベベルして
マルッ!!
スムースかけて・・・っと
この状態でChannel Boxを見ると
pSphereShape1
INPUTS
polySmoothFace1
polyBevel1
polyExtrudeFace1
まぁ普通のよくある状態だろ?
?
そうですね
この状態のものをNode Editorで見てみると・・・何か感じる事はないか?
pCylinderShape1
polyExtrudeFace1
polyBevel1
polySmoothFace1
pSphereShape1
え・・・っと
あっ!!
シリンダのメッシュのoutMeshから
pCylinderShape1
Inst Obj Groups
Message
Out Mesh
polySmoothFace1
In Mesh
色んなノードを経由して元スフィアのinMeshに繋がっていってる!

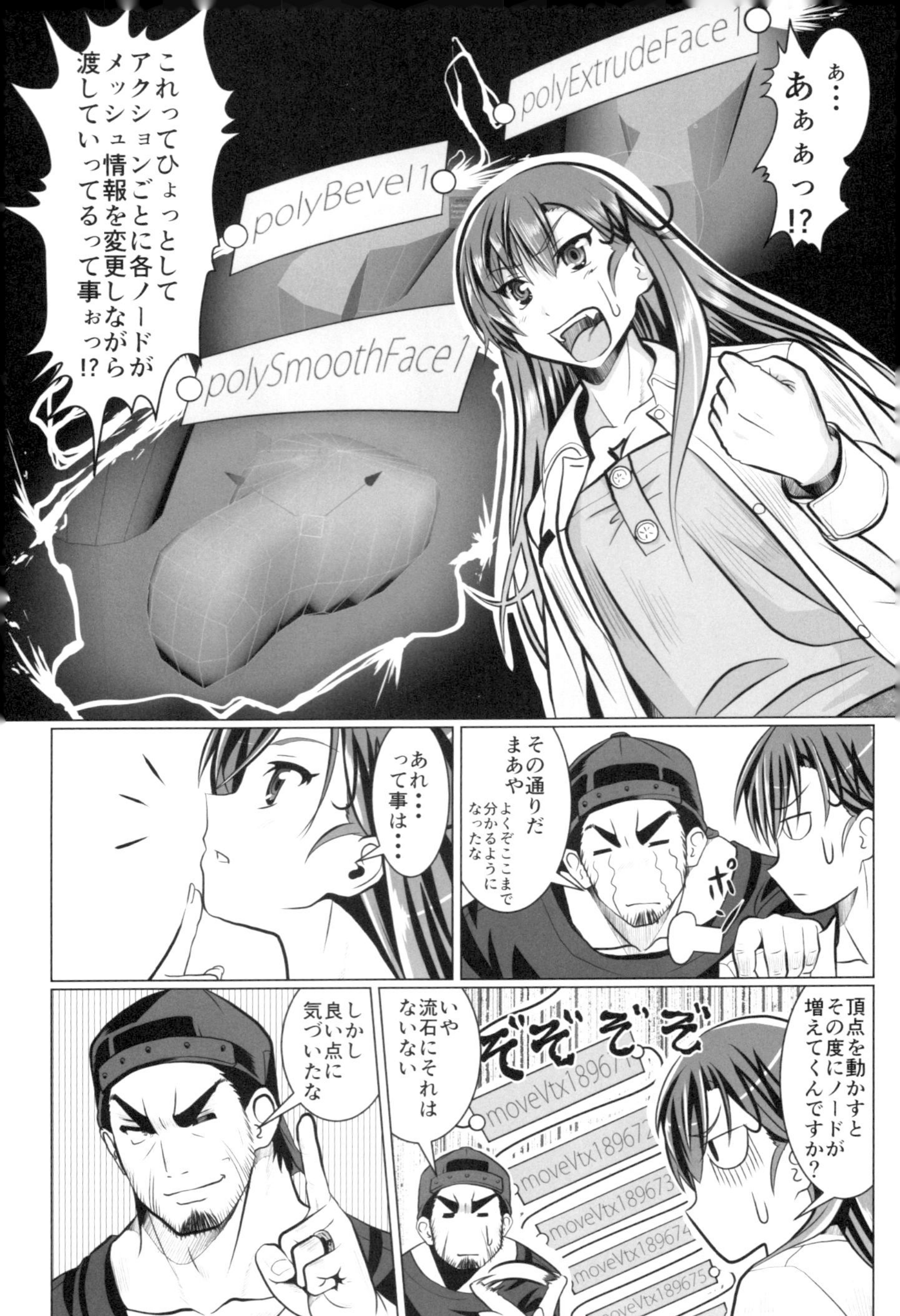
あ・・・
あぁあっ⁉
polyExtrudeFace1
polyBevel1
polySmoothFace1
これってひょっとしてアクションごとに各ノードがメッシュ情報を変更していってるって事ぉっ⁉
その通りだ まあや
よくぞここまで分かるようになったな
ポン
あれ・・・ って事は・・・
頂点を動かすとその度にノードが増えてくんですか？
ぞぞぞぞ
moveVtx189671
moveVtx189672
moveVtx189673
moveVtx189674
moveVtx189675
いや 流石にそれはないない
しかし 良い点に気づいたな

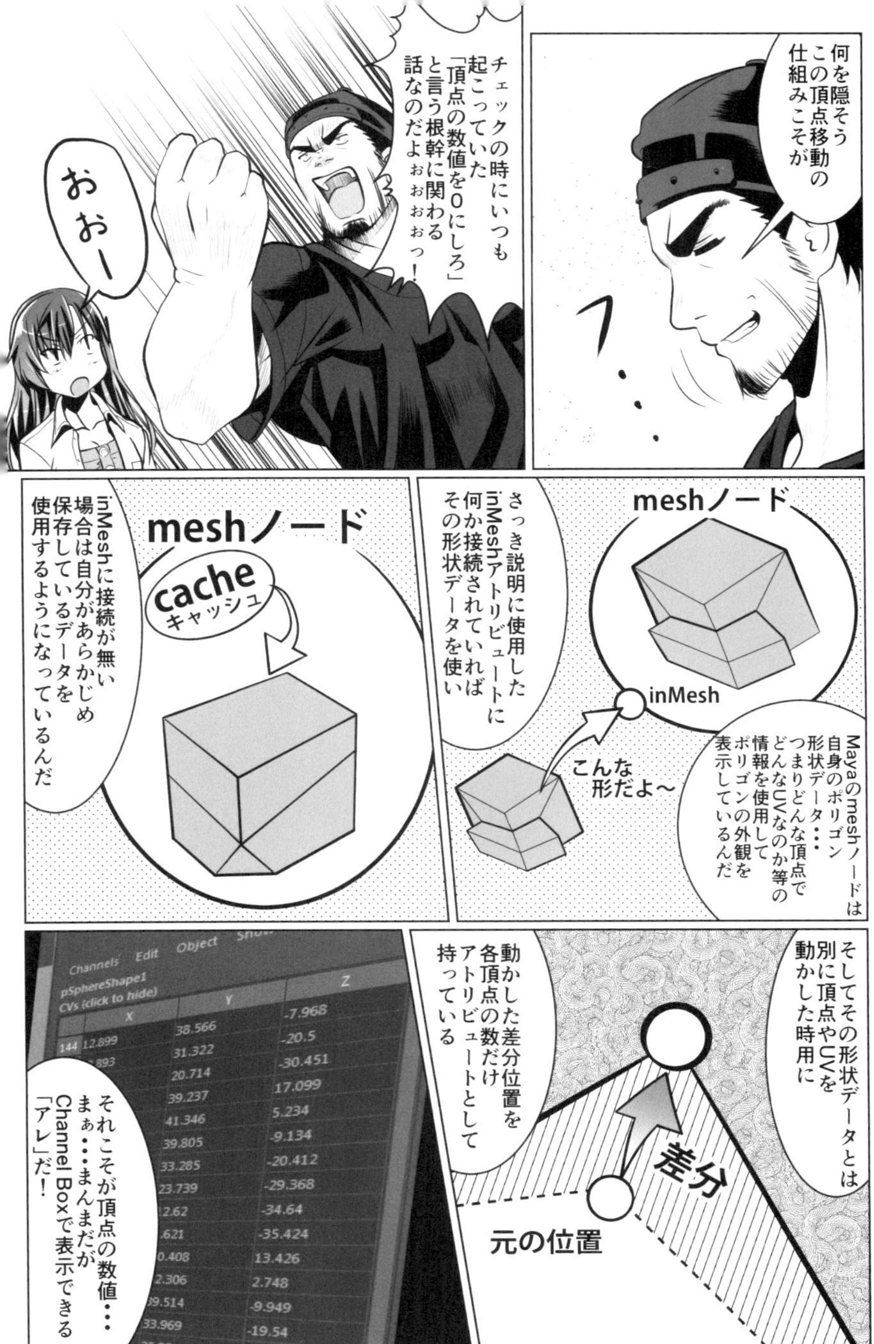
何を隠そう
この頂点移動の
仕組みこそが
チェックの時にいつも
起こっていた
「頂点の数値を0にしろ」
と言う根幹に関わる
話なのだよぉぉぉっ!
おおー
meshノード
Mayaのmeshノードは
自身のポリゴン
形状データ・・・
つまりどんな頂点で
どんなUVなのか等の
情報を使用して
ポリゴンの外観を
表示しているんだ
inMesh
さっき説明に使用した
inMeshアトリビュートに
何か接続されていれば
その形状データを使い
こんな
形だよ～
meshノード
cache
キャッシュ
inMeshに接続が無い
場合は自分があらかじめ
保存しているデータを
使用するようになっているんだ
そしてその形状データとは
別に頂点やUVを
動かした時用に
動かした差分位置を
各頂点の数だけ
アトリビュートとして
持っている
差分
元の位置
Channels Edit Object
pSphereShape1
CVs (click to hide)
X Y Z
それこそが頂点の数値・・・
まぁ・・・まんまだが
Channel Boxで表示できる
「アレ」だ!

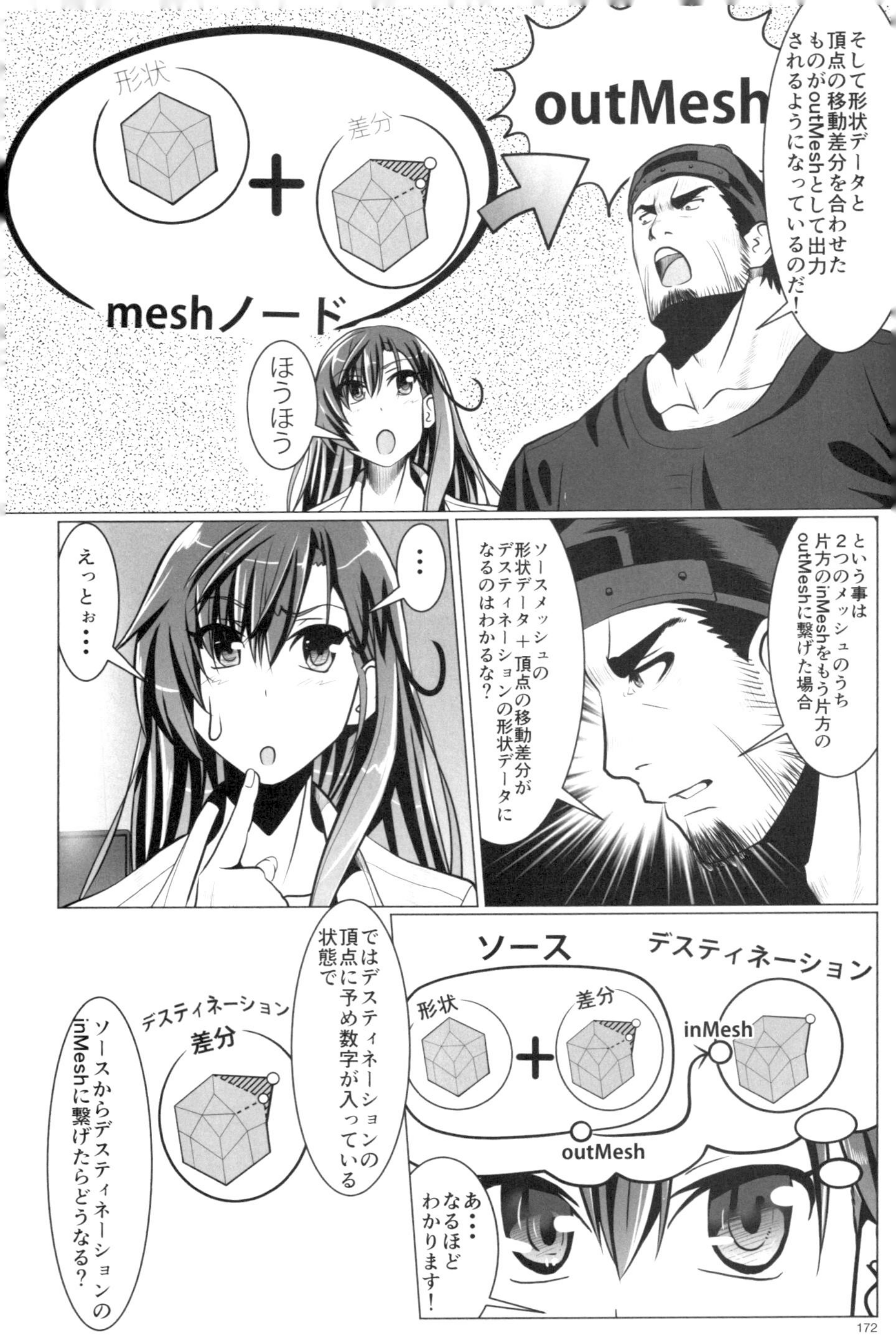
形状
差分
meshノード
outMesh
そして形状データと頂点の移動差分を合わせたものがoutMeshとして出力されるようになっているのだ！
ほうほう
という事は2つのメッシュのうち片方のoutMeshをもう片方のinMeshに繋げた場合
ソースメッシュの形状データ＋頂点の移動差分がデスティネーションの形状データになるのはわかるな？
…
えっとぉ…
ソース
デスティネーション
形状
差分
inMesh
outMesh
あ…なるほどわかります！
では頂点に予め数字が入っている状態で
デスティネーション
差分
ソースからデスティネーションのinMeshに繋げたらどうなる？

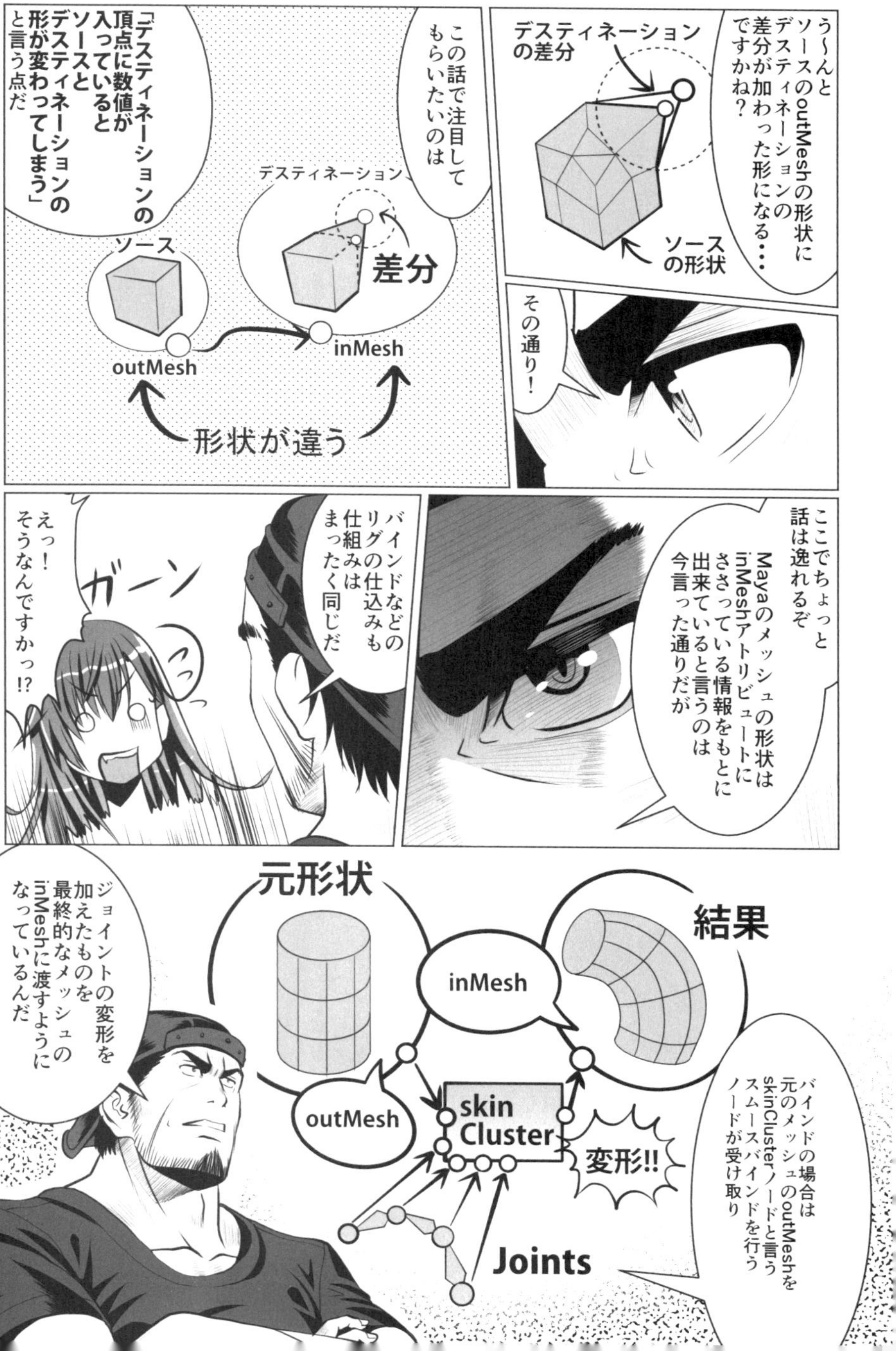

う～んと
ソースのoutMeshの形状に
デスティネーションの
差分が加わった形になる・・・
ですかね?
デスティネーションの差分
ソースの形状
その通り!
この話で注目してもらいたいのは
「デスティネーションの頂点に数値が入っているとソースとデスティネーションの形が変わってしまう」と言う点だ
デスティネーション
ソース
差分
outMesh
inMesh
形状が違う
ここでちょっと話は逸れるぞ
Mayaのメッシュの形状はinMeshアトリビュートにささっている情報をもとに出来ていると言うのは今言った通りだが
バインドなどのリグの仕込みも仕組みはまったく同じだ
ガーン
えっ!そうなんですかっ!?
バインドの場合は元のメッシュのoutMeshをskinClusterノードと言うスムースバインドを行うノードが受け取り
ジョイントの変形を加えたものを最終的なメッシュのinMeshに渡すようになっているんだ
元形状
結果
inMesh
outMesh
skin Cluster
変形!!
Joints

へぇぇ～モデリングで形状を変形するのもバインドで変形させるのも同じ仕組みだったんですね
まぁバインドをはじめとしてラティスやクラスターなど
各種デフォーマーはトポロジを変更しないと言う特性があるんだがな
さて今のバインドを例にすると
デスティネーションになるものがモデラーの作成するレンダーモデルにあたり
リガー
skin Cluster
モデラー
その前のskinClusterまでの仕込みがリグの仕事となる訳だが
デスティネーションであるモデルの頂点に数値が入っているとどうなる？
頂点の数値
あっ！
形状が変わっちゃう！
だからモデルの頂点に数字が入ってると怒られちゃうわけですね・・・
ニヤリ・・・
そう言うこと

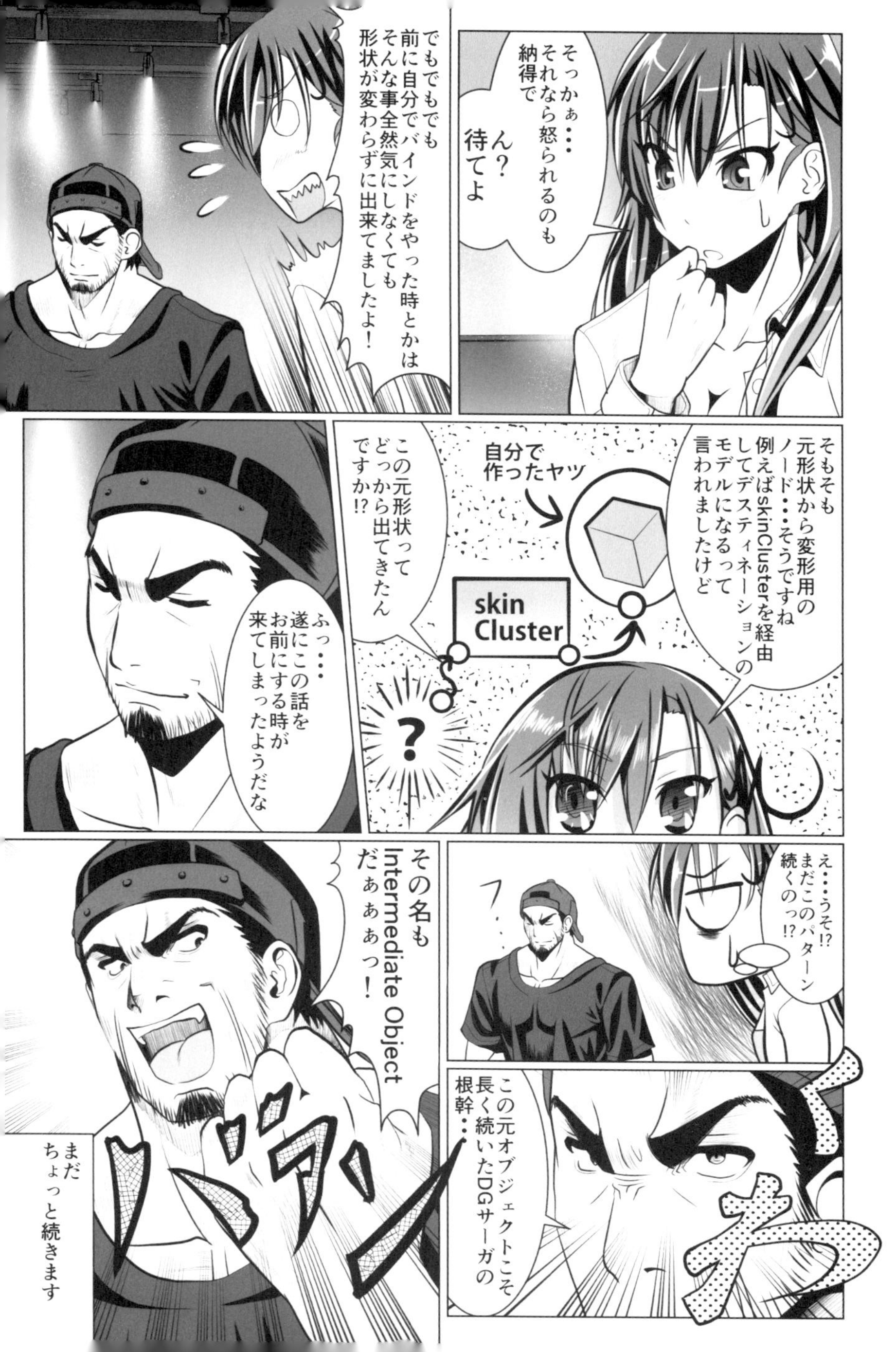

そっかぁ・・・
それなら怒られるのも
納得で
ん？
待てよ
でもでもでも
前に自分でバインドをやった時とかは
そんな事全然気にしなくても
形状が変わらずに出来てましたよ！
そもそも
元形状から変形用の
ノード・・・そうですね
例えばskinClusterを経由
してデスティネーションの
モデルになるって
言われましたけど
自分で
作ったヤツ
skin
Cluster
?
この元形状って
どっから出てきたん
ですか!?
ふっ・・・
遂にこの話を
お前にする時が
来てしまったようだな
え・・・うそ!?
まだこのパターン
続くのっ!?
この元オブジェクトこそ
長く続いたDGサーガの
根幹・・・
その名も
Intermediate Object
だぁぁぁっ！
まだ
ちょっと続きます

英語版Maya VS 日本語版Maya

（まあや）　ボスぅ、ウチのMayaってなんで英語版なんですか？
（ボス）　英語版？ 他に何版のMayaがあるんだ？
（まあや）　普通に起動すれば日本語版が立ち上がるじゃないですか？
（ボス）　はぁ？ 知らんなぁ・・・
（まあや）　もう、頑固オヤジなんだから。

（ボス）　ぐ・・・ 頑固オヤジじゃねぇ！
（まあや）　そうやって新しいモノを受け入れないのは
頑固オヤジの証拠ですよ。
（ボス）　バカヤロウ！ 日本語版にしない理由は
ちゃんとあるんだよ。
（まあや）　じゃぁ、はじめからそう言えばいいじゃ
ないですか〜。

（ボス）　だいたいCGソフトを日本語にしたって
結局意味なんてわからんだろ？
バインド方法：多面体ボクセル
とか言われて意味分かるんか？
（まあや）　そりゃ分からないものもありますけど・・・
安心感はありますよ。
やっぱ英語だと取っ付きづらいですし。
（ボス）　所詮は安心「感」程度よ！
趣味でやるならそれでいいが、プロダクションとして
やる時にそんな訳のわからん安心感のために
多大なデメリットを背負い込むのはナンセンスじゃろ？
（まあや）　逆にどんなデメリットがあるんですか？
読みやすいし、メリットしか感じないですけど？

（ボス）　何と言っても一番の理由は開発者が嫌がる事だな。
日本語の文字コードってのはプログラムや
スクリプトで使うとバグの原因になりやすいし、
日本語用の処理を入れなきゃいけない時もある。
（まあや）　えぇ、それくらい処理して下さいよ〜。
（ボス）　アホか！
それでなくてもMayaを運用するには色々整備して
ツール開発しなきゃいけないのに、そんな安心感
程度のために多大な開発時間を割けるかって事よ。
英語だけど便利なツールがたくさんあるのと、
日本語にはなってるけど少ししかないのと
どっちがいい？
（まあや）　そりゃぁ便利なツールがいっぱいがいいです・・・

（ボス）　（ホントは便利ツール程度なら日本語でも問題ないんだけどな・・・）
後は、デザイナーがスクリプトを習得する時に改めて英語名を覚え直さないといけないってところかな。
（まあや）　うっ・・・ やっぱスクリプト覚えないといけないですか・・・？
（ボス）　まぁ覚えておいて困ることは皆無だからな。まあやもいずれ覚えてもらうぞ!
（まあや）　げぇぇ〜。

（ボス）　Mayaでスクリプトを覚えておくと、自然とMayaの内部の挙動もわかったり、
そのお陰でトラブルシューティングに強くなったり、そんな人材なら
引く手あまたで職に困らなかったりと良い事だらけだぞ!
（まあや）　な〜んか、うまい話を持ちだして誘導されてるみたいなんだよなぁ・・・

（ボス）　因みにキューブをX軸に5動かす場合、日本語版Mayaと英語版Maya、
スクリプトエディタではこうなる。

日本語版Maya

英語版Maya

スクリプトエディタ

（ボス）　こうやって見比べてみると一目瞭然、英語版はUIの内容が、
ほぼそのままスクリプトになっているのに対し、日本語版では移動Xを
英語に変えないといけない訳だ。
となるとどっち道英語名を覚えるんなら、日本語版なんていらんじゃろ？
（まあや）　まぁ・・・ スクリプトを覚えるなら・・・ ですけどね。

（ボス）　Mayaはツール開発をして環境を整備して運用する事が前提のソフトだ。
その生命線とも言えるツール開発の妨げになりやすい日本語環境を導入する
メリットはプロダクションにはないわな。
（まあや）　う〜む、分かるけど納得がいかない・・・
（ボス）　それとMayaだけではなく、最新の情報は英語圏から来るから、そういった情報
をすばやく落としこむ場合も日本語版じゃ煩わしいと言うのもある。
（まあや）　それは確かにそうですね。
でも学校とかはみんな日本語版ばっかりですよ。
（ボス）　まったく、学生は日本語版で覚えてきて、仕事を始めると英語版を覚えなきゃ
ならないんだから、可哀想だわ。
現場で使えない環境を教えてるとか、全然学校の意味をなしてねぇ!!
だいたいな、プロフェッショナルになるための人材を育成するのが専門学校の
存在意義だろうに、現場の求める人材と全然違う人材を育てたって意味ないだろ!
英語にすると生徒が拒否感をし・・・

（まあや）　（あ・・・ これはしばらく話が終わらなくなるパターンだわ。
いつ終わるかわからんし、今日はもう遅いし帰っちゃおう〜）
お先に失礼しま〜す♥

FINAL PART

データの流れをミル

いんたー・・・
みでぃえいと？
AB
うむ・・・
だがこれを説明する前に
まずはポリゴンキューブを
使って今までの
おさらいをしよう
おさらい・・・
ですか？
まずはポリキューブを
作ってくれ
ヒストリは切っちゃダメだぞ
了解で～す
それをNode Editorで
見てみよう
注目するのは
Shapeの方だ
polyCube1
Output
pCubeShape1
Inst Obj Groups
In Mesh
あ
Shapeに何か
ついてますね
あぁ
よくポリゴンオブジェクトを
作ったら分割数とかを
変えるだろ？
Scale Z 1
Visibility on
SHAPES
pCubeShape1
INPUTS
polyCube1
Width 1
Height 1
Depth 1
Subdivisions Width 5
Subdivisions Height 3
Subdivisions Depth 2
Create UVs Normaliz...
このpolyCube1
こそがその正体さ
polyCubeをはじめとした
これらノードは
ノード作りの出発点になる

こういったノードがメッシュのinMeshにある場合は
例えばMulti-CutのSliceで編集した時のノードの流れを見ると・・・
こんな感じだ
これなら何となくデータの流れがわかるだろ?
polyCube1
Output
polyCut1
Output
Input Polymesh
Manip Matrix
pCubeShape1
Inst Obj Groups
World Matrix
In Mesh
なるほどpolyCubeが元形状で
そこからSliceの編集をpolyCutノードがやって
最終的にそれがpCubeShapeに渡されるわけですね
そういうこと
んじゃpCubeのヒストリを削除してみよう
メッシュノードのpCubeShapeだけになりましたね
pCubeShape1
Inst Obj Groups
World Matrix
In Mesh
まぁここまではわかります
問題はここからですよ~
この状態でもう一度ポリゴンを編集すると
今まで習ったMayaの法則で行くと
元オブジェクトから編集用のpolyCutができてそれがデスティネーションのメッシュのinMeshに繋がるんですよね?

でもこの場合その元オブジェクトがありませんよね？
polyCut1
じゃぁpolyCutが出来てもソースノード不在のままになっちゃいませんか？
ふふ ま・・・何事も試してみるのが一番さ
これを試したからって別にPCが壊れるわけでもないしな
って事でGO！もっかいSliceだっ!!
ら・・・ラジャー！
じゃぁMulti-CutでSliceと・・・
ズバァ
あれっ？
ノードが増えてる・・・？
polySurfaceShape？
polyCut1
pCubeShape1
polySurfaceShape1

outMeshがあるって事はポリゴンかな?
んん〜?でもOutliner見ても何処にもこんなノードないぞ?
フッフッフッ・・・何を隠そう・・・このノードこそが
Intermediate Objectだぁっ!
こ・・・これがあの・・・いんたーみでぃえ・・・・・・?
〝インターミディエイト〟な
まずはそのノードを選んでAttribute Editorを見てみ?
?
こうですか?
Focus
Attributes
Show
Help
polyCut1
mesh: polySurfaceShape1
Mesh Component Display
Mesh Controls
Tangent Space
Smooth Mesh
あぁ
ここで注目して欲しいのは名前の左横の文字だ
横の文字?
この"mesh"って書いて・・・
あっ!?

この"mesh"って ひょっとして ノードの種類ですか？
その通り！ MayaのAttribute Editorは 表示しているノードの 種類を表示するように なっているんだ
その事から 今選んでいるIntermediate Objectはmeshである事が わかるな？
そ・・・そうですね それにしてもIntermediate Objectってmeshの事 だったんですね
でも
meshなのに 何処にも表示されて いないんですヨ～
確かに選択 されてるっぽいんです けどね
その秘密は Object Displayセクションの Intermediate Object アトリビュートにある！
Template
Intermediate Object
ドオオオン
このチェックを 外してみせぃ!!
ビシィ!!

は・・・ はい・・・
カチッ
何か ワイヤーフレームが 出てきました？
うん・・・？
あぁ それで大丈夫だ
では今度は Channel Boxで 右クリックして
Show Shapesを クリックして シェイプを 表示してみてくれ
persp
top
front
side
pCube1
Show DAG Objects Only
Show Shapes
Show Reference Nodes
Show Reference Members
Show Attributes
Show Set Members
Show Connected
Show Namespaces
Ignore 'Hidden In Outliner'
Ignore 'Use Outliner Color'
Show Mute Information
Organize by Layer
Auto-expand Layers
Reveal Selected
Channel Names
Sort Order
そして pCubeの＋を 押して階層を展開 すると・・・
展開 ですね
おぉぉぉ 出てきたぁぁ！
バァアアン
Polygons
Display
Show
Panels
front
side
pCube1
pCubeShape1
polySurfaceShape1
defaultLightSet
defaultObjectSet
Intermediateって チェックがついてるか どうかしか違いが ないんですか？
でも これって
チェックを 切っただけ ですよね？
あ そう言えば変な ワイヤーフレームも 出てきましたけど

その通り
Intermediate Object
アトリビュートがオンに
なってるノードの事を
Intermediate
Objectと呼んでいるんだ
ちょっとややこしいな
そしてMayaの
全てのDAGノードは
Intermediate Objectに
なる事が出来るんだ
えぇ!?
DAGノード全部!?
そうだ
今回の例ではmeshノードの
ソースとなるオブジェクト
だったからmeshが
Intermediate化しただけの
話だったのさ
そして――
Mayaはmeshなどを編集する際に
元のShapeをコピーして
Intermediateを
オンにするように
なっているんだ
そのコピーされた
Shapeは元のShapeと
同じ親の下に
作られる
Transform
Original
Shape
Intermediate
Shape
コピー
pCube1
pCubeShape1
polySurfaceShape1
defaultLightSet
defaultObjectSet
そっか
そう言えば
同じ階層に
ありましたね!

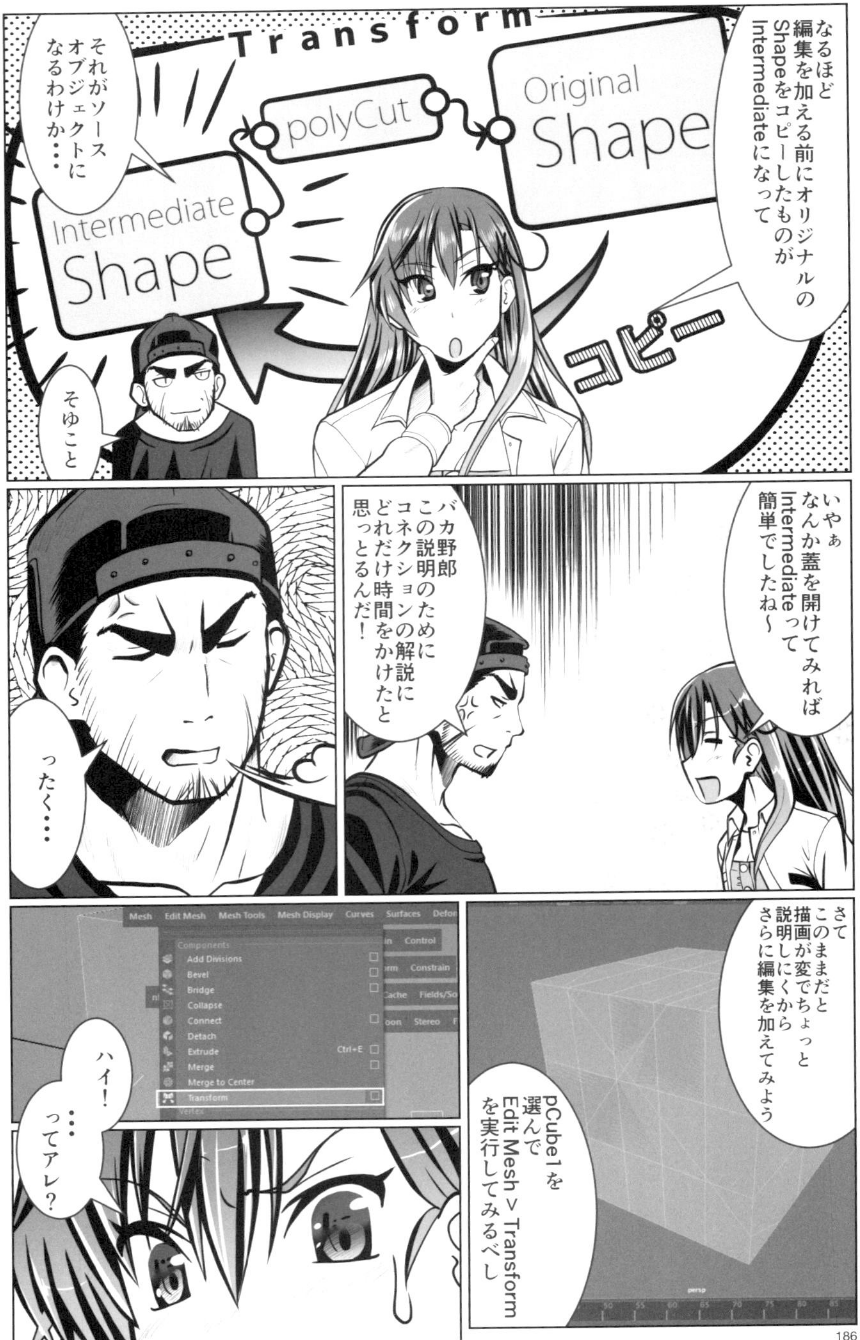
Transform
なるほど編集を加える前にオリジナルのShapeをコピーしたものがIntermediateになって
Original Shape
polyCut
コピー
Intermediate Shape
それがソースオブジェクトになるわけか…
そゆこと
いやぁなんか蓋を開けてみればIntermediateって簡単でしたね～
バカ野郎この説明のためにコネクションの解説にどれだけ時間をかけたと思っとるんだ！
ったく…
さてこのままだと描画が変でちょっと説明しにくいからさらに編集を加えてみよう
pCube1を選んでEdit Mesh > Transformを実行してみるべし
Mesh Edit Mesh Mesh Tools Mesh Display Curves Surfaces
Components
Add Divisions
Bevel
Bridge
Collapse
Connect
Detach
Extrude Ctrl+E
Merge
Merge to Center
Transform
ハイ！…ってアレ？

何かエラーが出てますけど・・・
何で?
くるり
フッフッフコレこそがIntermediateの特性よ
実はIntermediateのアトリビュートがオンになっているノードはMayaでの扱いが色々と変わってくるのだ
まずビューポートやOutlinerなどからは見えなくなる
さっきIntermediateをオフにしてからShapeを表示したのはこのためだ
そして重要なのがコレ!
intermediate Objectは編集操作を受け付けないと言う特性があるんだ
編集操作を受け付けない・・・?
そうだ
今editMeshのtransformでエラーが出た原因はまさにコレに起因する
本来Intermediateだったmeshを手動でオフにしただろ?

このせいでpCubeのtransformノードを選んで編集作業を実行すると
この2つに適用しようとする
内部的にはその下の階層にある元Shapeと元Intermediateの両方に適用しようとしてエラーが出てしまってるんだ
もし元の通りIntermediateがオンになっていれば
このノードは操作対象外になってエラーは発生せずにすむ
Intermediateがオンのヤツは無視される
試しにpolySurfaceShape1のIntermediateをオンにしてからpCube1を選択し
もう一度Edit Mesh > Transformを実行してみてくれ
え・・・とIntermediateをオンにしてからpCubeを選択して・・・・
Transformっと・・・・
ホントだ！ちゃんと出来た～
そっか～Intermediateのチェックがオンかオフかでこんな挙動の違いがあるんですね～

折角Transformを適用したから動かしてみよう
あ・・・はい
動かしました!
よしじゃぁ再びIntermediateをオンにしてみよう
了解~
・・・あ・・・・
Attribute EditorからIntermediateのシェイプが無くなってます・・・・
そらヒストリのpolyMoveVertex1が選ばれてるからだろ
Mayaは選択状態がコロコロ変わるからな
モデリングの時はそんなに気にしなくても大丈夫だがリグの場合はしっかり選択状態を追えるようになっておかないといけないぞ

とりあえず現在の選択状態を知るにはChannel Boxなどを見る以外にもタイトルバーを見るなんて手もあるな
この話はここらへんで置いておいて・・・
カチッ
ホントだ
Channel Boxよりシンプルで分かりやすいかも！
Intermediate のShapeをAttribute Editorで見るには親であるpCube1を選択してやればいい
おぉ出た〜
しかしこうやってちゃんと選択状態を追いかけてみると結構コロコロかわりますねぇ〜
そうだな
だがリギングするにはノード単位での制御が必要になるから必然と選択状態もしっかり管理出来るようになっておきたいところだな
さて・・・じゃぁ改めてIntermediate Objectアトリビュートをオフにして Intermediate のShapeを表示してみよう
うっす
そしてNode Editorを開いてIntermediate のShapeを選択して"Output connections"ボタンをクリックだ
polySurfaceShape1
pCubeShape1

polySurfaceShape1
polyCut1
polyMoveVertex1
pCubeShape1
おぉ〜 この流れはいつも 見慣れている ヤツですね！
いつもって言っても つい数日の話だけど
元オブジェクトから 編集ノードを経て inMeshに刺さる パターン！
ただ・・・ 何で元オブジェクトが 変な緑色なんでしょう？
あぁ・・・それは そのIntermediate Object にシェーダがついてないからさ
えっ！ シェーダが ついてない!?
そんな事が あるの？
あぁ Intermediateと デスティネーションの mesh選んで
再び Output connections ボタンをポチッと 押してみ？
Node Editor
つながってる
initialShadingGroup
pCubeShape1
polyCut1
polySurfaceShape1
つながって ない
するとホレ デスティネーションの pCubeShape1からは initialShadingGroupに 繋がっているのに 対して
Intermediate であるpolySurfaceShape からは何も繋がって いないだろ？

このInitialShadingGroupには標準のlambert1が繋がっているんだ
pCubeShape1
Inst Obj Groups
Message
World Matrix
In Mesh
initialShadingGroup
Message
Partition
Dag Set Members
Surface Shader
lambert1
Message
Out Color
だからpCubeShape1はlambert1のマテリアルで表示される
一方Intermediate Objectの方はさっきも言ったが何も繋がっていないだろ?
Inst Obj Groups
Message
World Matrix
polySurfaceShape1
だから仮表示で緑色のシェーディングがない状態で表示されているんだ
へ～マテリアルの適応状態もコネクションなんですね
しかもIntermediateになるとシェーダが外れるなんて面白い作りですね
基本的にIntermediate ObjectはMayaがバックグラウンドで勝手に処理するものだし
不可視なんでシェーダはいらんからな
ただし勘違いしないで欲しいのはあくまでMayaがバックグラウンドで処理するIntermediate Objectのシェーダが外れているだけであって
ブッブー
Intermediate Objectイコールシェーダが無い訳ではないからな
メモメモ
なるほど覚えておきます!
さて

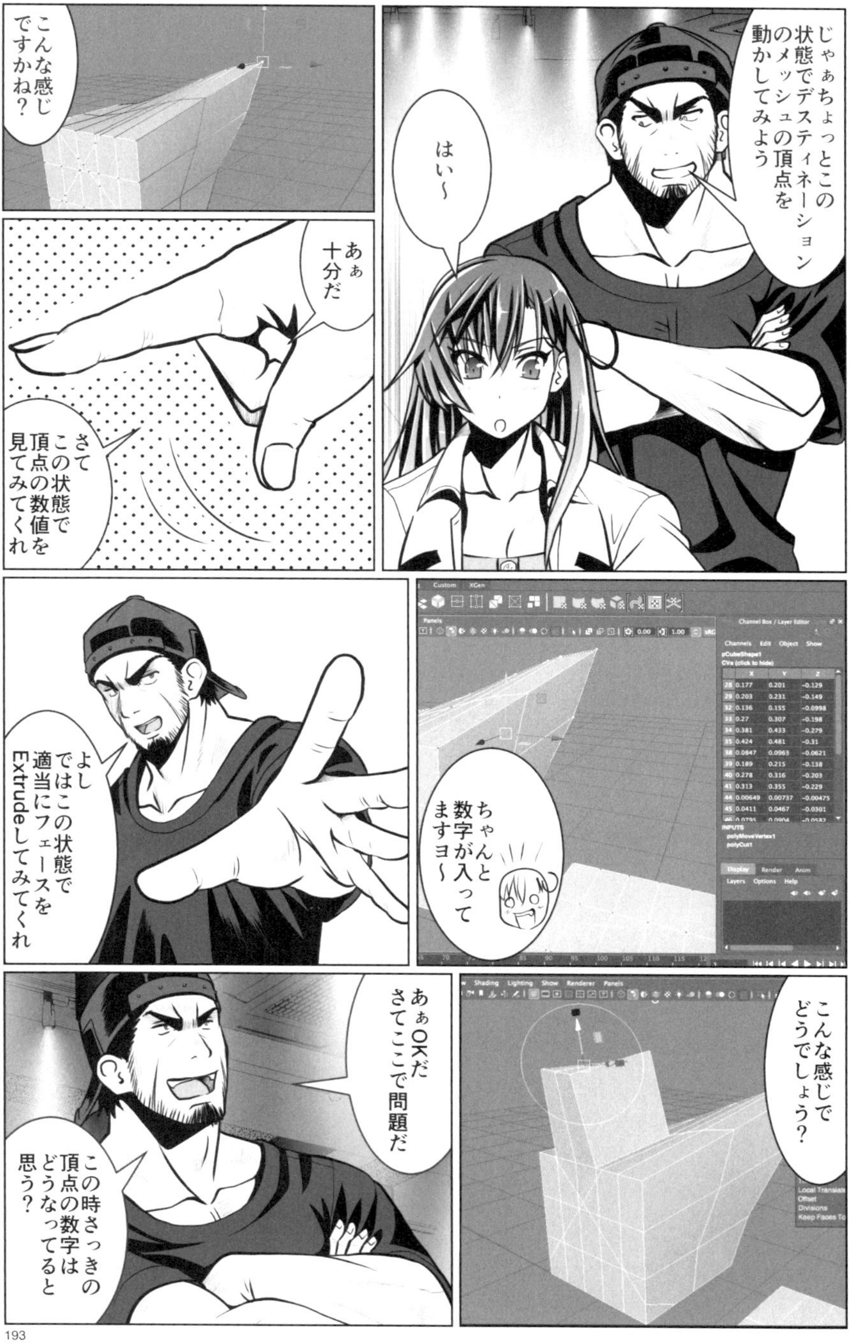
じゃぁちょっとこの状態でデスティネーションのメッシュの頂点を動かしてみよう
はい〜
こんな感じですかね？
あぁ十分だ
さてこの状態で頂点の数値を見てみてくれ
Custom
XGen
Panels
0.00
1.00
Channel Box / Layer Editor
Channels Edit Object Show
pCubeShape1
CVs (click to hide)
X Y Z
28 0.177 0.201 -0.129
29 0.203 0.231 -0.149
32 0.136 0.155 -0.0998
33 0.27 0.307 -0.198
34 0.381 0.433 -0.279
35 0.424 0.481 -0.31
38 0.0847 0.0963 -0.0621
39 0.189 0.215 -0.138
40 0.278 0.316 -0.203
41 0.313 0.355 -0.229
44 0.00649 0.00737 -0.00475
45 0.0411 0.0467 -0.0301
INPUTS
polyMoveVertex1
polyCut1
Display Render Anim
Layers Options Help
ちゃんと数字が入ってますヨ〜
よしではこの状態で適当にフェースをExtrudeしてみてくれ
Shading Lighting Show Renderer Panels
こんな感じでどうでしょう？
Offset
Divisions
あぁOKださてここで問題だ
この時さっきの頂点の数字はどうなってると思う？

えぇ～？どうなってるって・・・・
普通に数字が入ってるんじゃないですか？
ふっふっふ それはどうかな？
以前の話を思い出して欲しいんだが
デスティネーションの頂点に数字が入っているとソースと形状が異なるよな？
デスティネーション
ソース
差分
outMesh
inMesh
形状が違う
って事は頂点に数字が入ってるとまずいんじゃないかねぇ～？
という事は数字が全部０になってるって事ですか？
まぁ物は試しですよね
カチッ
ポチッとな
Channels Edit
pCubeShape1
CVs (click to hide)
X Y Z
ぬぁっ!! ホントに０になってる！
こんな感じでMayaではmeshに何らかの処理を加えると頂点の数字は０にリセットされるんだ
それじゃぁ元あった数字はどこへ・・・？
ス
・・・
それはな・・・

ここだぁっ!
INPUTS
polyExtrudeFace1
polyTweak1
polyCut1
Display
Layers
ドオォン
polyTweak?
polyTweak1
Output
Input Polymesh
そ・・・polyTweakだ
実は以前まあやが言っていた頂点を動かす度にヒストリが出来ると言う話は半分当たっていたんだ
頂点を編集した場合その差分は一度頂点の数値として保存されるが
その後メッシュに変更を加えると差分の数値はこのpolyTweakに格納されるんだ
頂点移動差分の数値
移動!!
polyTweakノード
そして変更を加えたノードを経由してinMeshにデータが渡される
頂点の数値を格納
polyTweak
polyExtrude
Destination mesh
数値をリセット!
この時デスティネーションのメッシュの頂点の数値は全てリセットされる
だから普通にオペレーションしている場合はいちいち頂点の数値を意識しなくても大丈夫なのさ

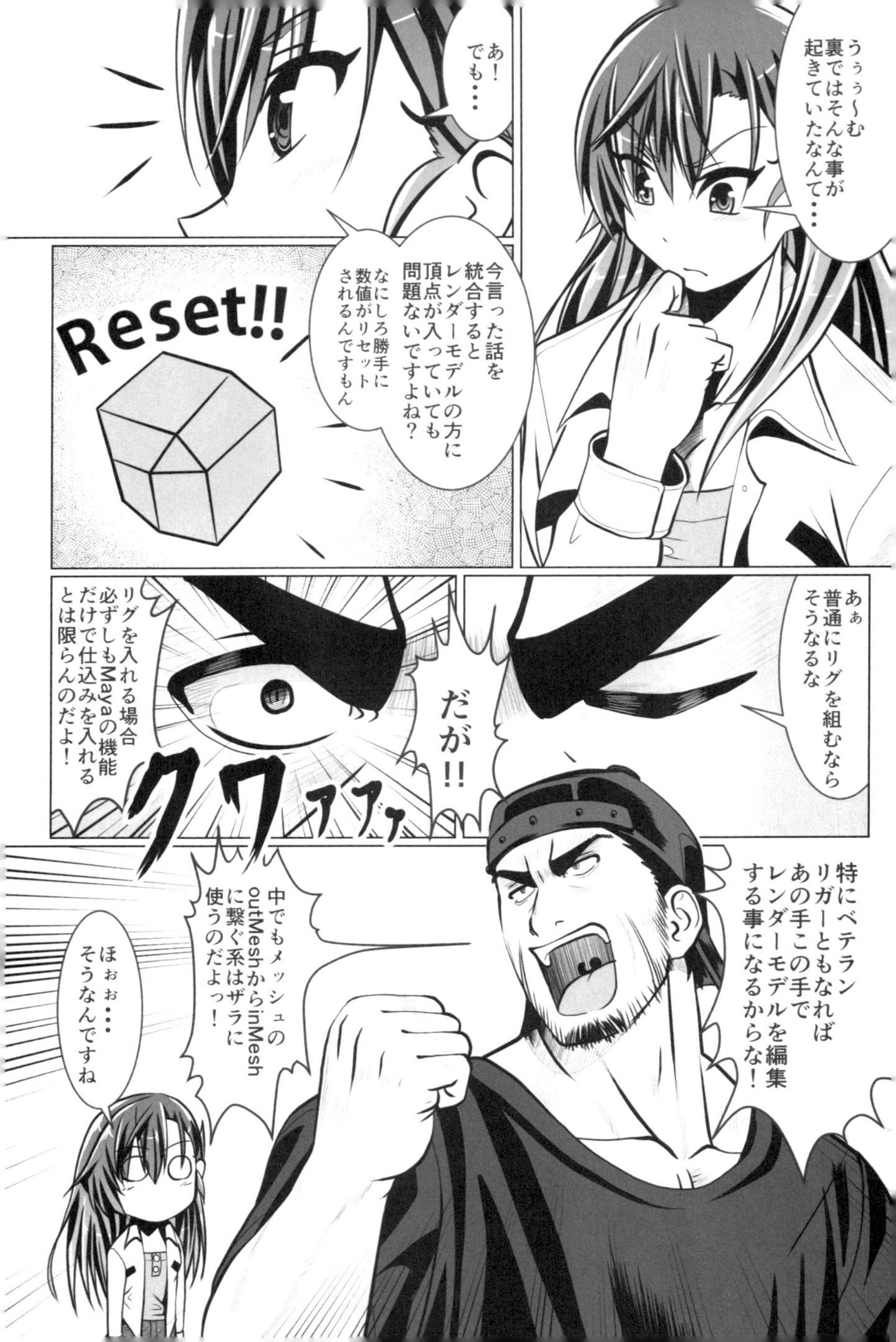
うぅぅ〜む
裏ではそんな事が
起きていたなんて・・・
あ!
でも・・・
今言った話を
統合すると
レンダーモデルの方に
頂点が入っていても
問題ないですよね？
なにしろ勝手に
数値がリセット
されるんですもん
Reset!!
あぁ
普通にリグを組むなら
そうなるな
だが!!
リグを入れる場合
必ずしもMayaの機能
だけで仕込みを入れる
とは限らんのだよ!
クワァアァ
特にベテラン
リガーともなれば
あの手この手で
レンダーモデルを編集
する事になるからな!
中でもメッシュの
outMeshからinMesh
に繋ぐ系はザラに
使うのだよっ!
ほぉぉ・・・
そうなんですね

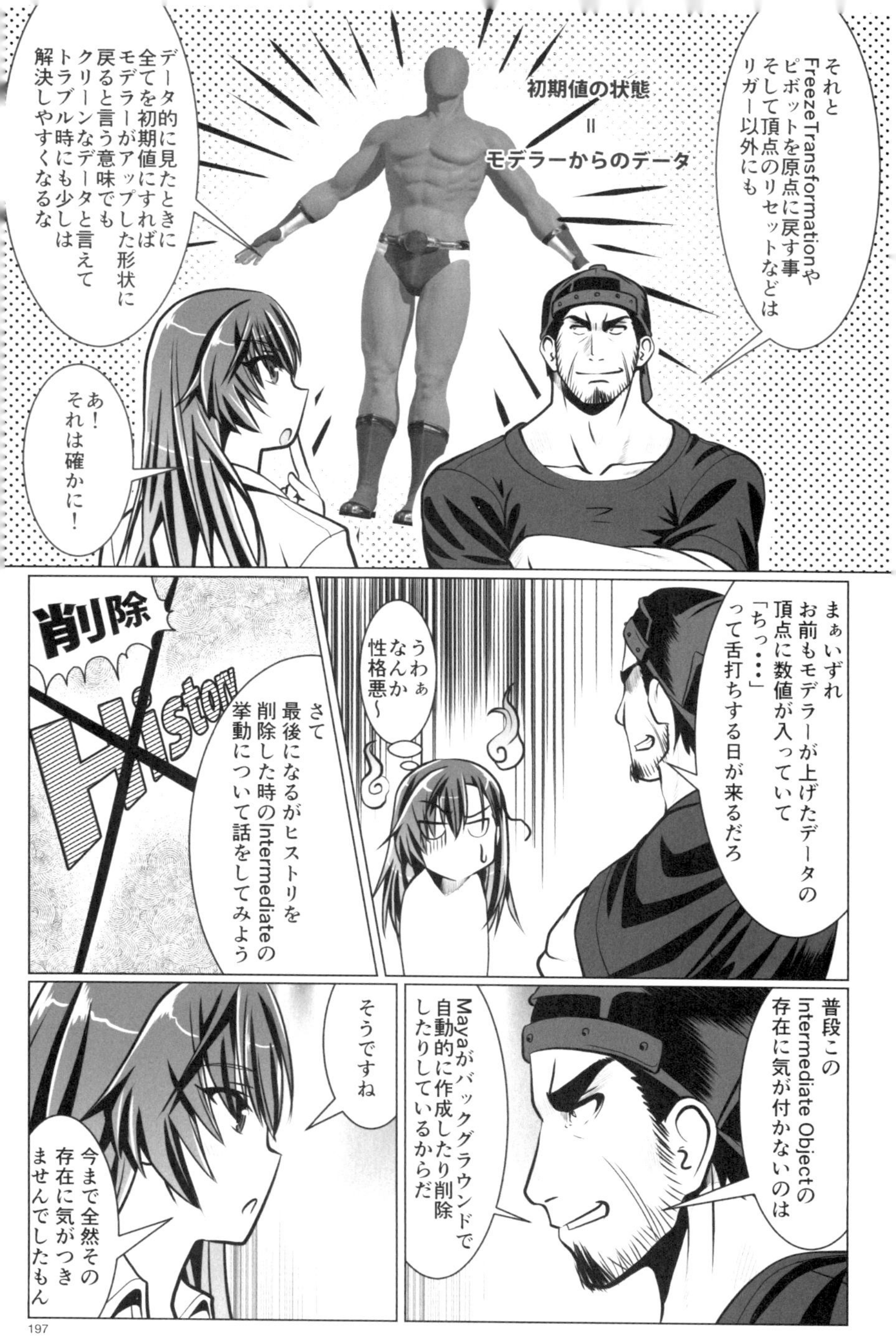
それと
FreezeTransformationや
ピボットを原点に戻す事
そして頂点のリセットなどは
リガー以外にも
初期値の状態
=
モデラーからのデータ
データ的に見たときに
全てを初期値にすれば
モデラーがアップした形状に
戻ると言う意味でも
クリーンなデータと言えて
トラブル時にも少しは
解決しやすくなるな
あ!
それは確かに!
まぁいずれ
お前もモデラーが上げたデータの
頂点に数値が入っていて
「ちっ・・・」
って舌打ちする日が来るだろ
うわぁ
なんか
性格悪～
削除
History
さて
最後になるがヒストリを
削除した時のIntermediateの
挙動について話をしてみよう
普段この
Intermediate Objectの
存在に気が付かないのは
Mayaがバックグラウンドで
自動的に作成したり削除
したりしているからだ
そうですね
今まで全然その
存在に気がつき
ませんでしたもん

作成するタイミングはだいたい分かると思うが
Intermediate Objectがソースに居ないオブジェクトに対して編集を行うと作成される
IM
そして編集を加えてヒストリがあるオブジェクトのヒストリを削除すると
IM
当然Intermediateは一緒に削除されてる
IM
ここまでは大丈夫か？
はい！いつの間にか消えてるのはヒストリ削除時に一緒に消されてたからなんですね！
では問題
今みたいに元Intermediateのオブジェクトだったノードの Intermediateアトリビュートがオフにされている場合はどうなるだろう？
intermediate オフ！
IM
えっと Intermediateがオフって事は普通のオブジェクトだから・・・

ヒストリは削除されるけど元のIntermediateは残る？
・・・
ファイナルアンサー？
え〜違うんですか？
実はちょっと違って一部ヒストリノードは残るがデスティネーションのシェイプはベイクされる
Delete History
消えた!!
が正解かな
えぇ〜何この中途半端な残り方〜
正直なところ俺もこの挙動についてはよくわからん
何しろヘルプにもIntermediateはMayaが自動で処理するものだから手動で操作した場合の挙動は予期できないって書いてるしな

まぁ
要はIntermediateの挙動は
ちょっとデリケートなんで
取り扱う時は少し気をつけて
くれって事が言いたかったんだ
特にIntermediateが
オンだと編集対象から
外れること
IM
そしてDelete History
を行うと一緒に削除
される事などは
特に重要だ
さて！
Intermediateについても大方
話したし
これにてDGの話は終わりだ
えぇぇぇぇ！
終わりですかぁっ⁉
つ・・・遂に
この長きにわたる長話・・・
じゃなかった
素敵なご講義が
終わってしまうんですね
いやいや
最後にこれから出す問題を
解けたら本当に終わりだ
うっ！
問題・・・⁉

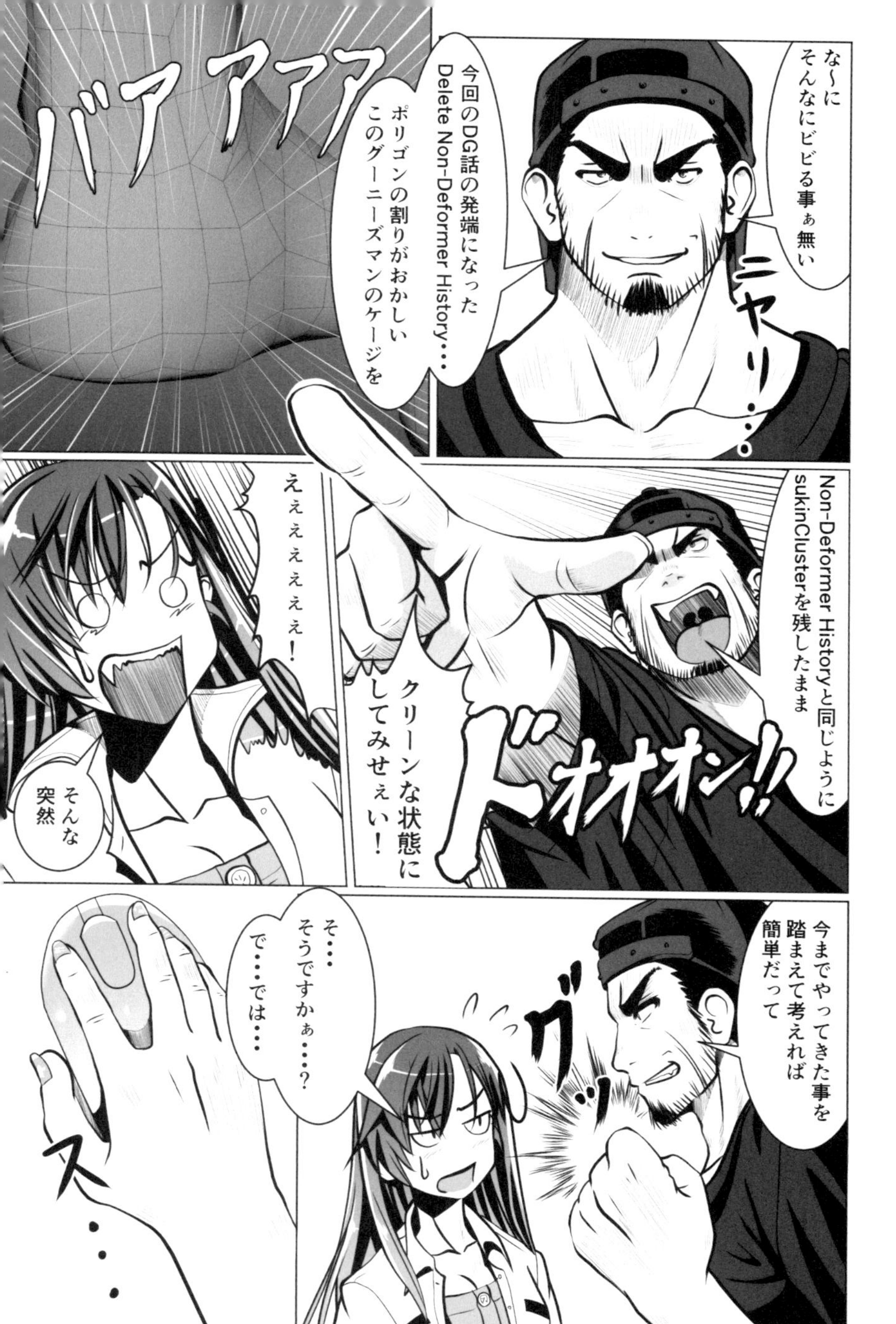
な～に
そんなにビビる事ぁ無い
ニヤリ・・・
今回のDG話の発端になった
Delete Non-Deformer History・・・
ポリゴンの割りがおかしい
このグーニーズマンのケージを
バアアアア
Non-Deformer Historyと同じように
sukinClusterを残したまま
クリーンな状態にしてみせぇい！
ドオオオン!!
えええええええ！
そんな突然
今までやってきた事を
踏まえて考えれば
簡単だって
グッ
そ・・・
そうですかぁ・・・？
で・・・では・・・
ス・・・

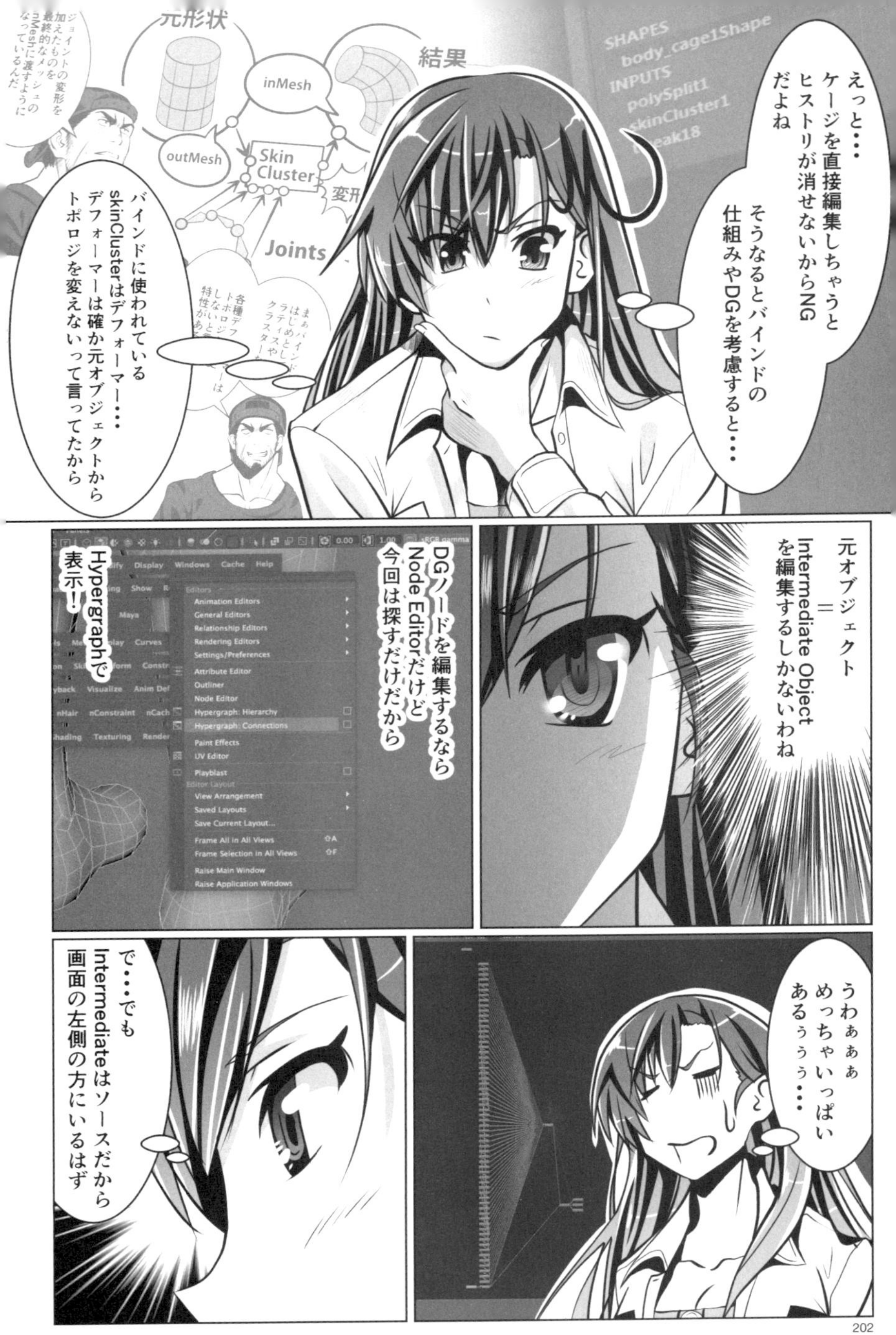
SHAPES
body_cage1Shape
INPUTS
polySplit1
skinCluster1
えっと・・・ケージを直接編集しちゃうとヒストリが消せないからNGだよね
そうなるとバインドの仕組みやDGを考慮すると・・・
結果
元形状
inMesh
outMesh
Skin Cluster
Joints
ジョイントの変形を加えたものを最終的なメッシュのinMeshに渡すようになっているんだ
バインドに使われているskinClusterはデフォーマー・・・デフォーマーは確か元オブジェクトからトポロジを変えないって言ってたから
元オブジェクト＝Intermediate Objectを編集するしかないわね
Windows
Display
Cache
Help
Editors
Animation Editors
General Editors
Relationship Editors
Rendering Editors
Settings/Preferences
Attribute Editor
Outliner
Node Editor
Hypergraph: Hierarchy
Hypergraph: Connections
Paint Effects
UV Editor
Playblast
Editor Layout
View Arrangement
Saved Layouts
Save Current Layout...
Frame All in All Views
Frame Selection in All Views
Raise Main Window
Raise Application Windows
DGノードを編集するならNode Editorだけど今回は探すだけだから
Hypergraphで表示!
うわぁぁぁめっちゃいっぱいあるぅぅぅ・・・
で・・・でもIntermediateはソースだから画面の左側の方にいるはず

いたあああああっ!!
思いっきり左下だった
ちゃんとskinClusterノードを経由してケージメッシュまで繋がってる！間違いないわね！
そして・・・
そして重要なのがコレ！
Intermediate Objectは編集操作を受け付けないと言う特性があるんだ
編集するためには一度Intermediate Objectをオフにしてっと
カチッ
ん？
げっ！また何かへんなワイヤーフレームが出てきた!?

いやいやいやいやいや
違う違う！
これは・・・
あぁ・・・それは
そのIntermediate Object
にシェーダがついてないからさ
えっ！
シェーダが
ついてない!?
そんな事が
あるの？
そう！
これはシェーダのついていない
Intermediateとケージが
重なって表示されているだけ！
だから・・・
焦らず
Intermediateをオフにした
元オブジェクトだけ表示すれば
大丈夫！
Isolate Selectとかね
後は
この元オブジェクトの
不正な割りのところを
修正してやれば
と
その前に！

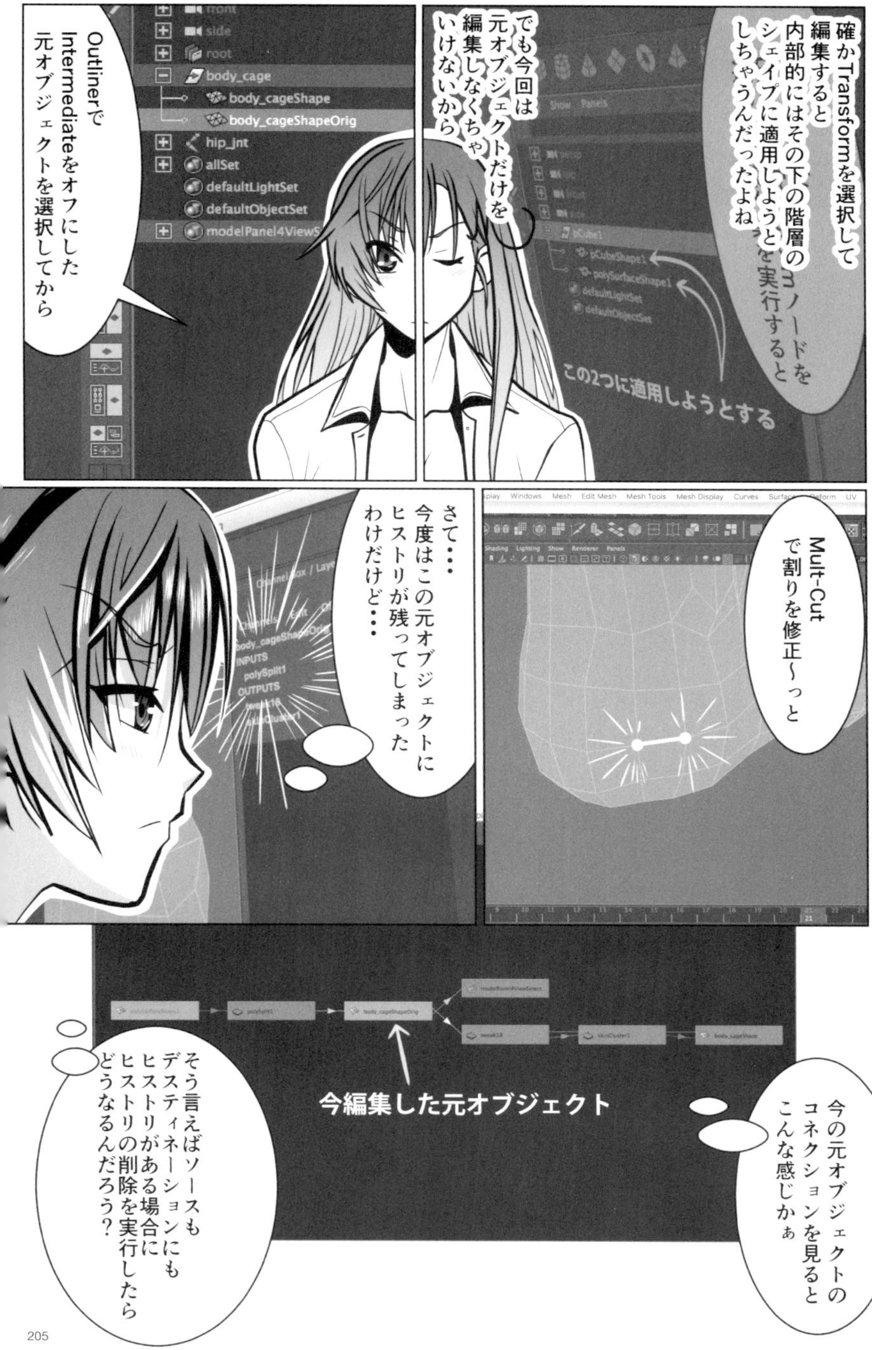
確かTransformを選択して編集すると内部的にはその下の階層のシェイプに適用しようとしちゃうんだったよね
この2つに適用しようとする
でも今回は元オブジェクトだけを編集しなくちゃいけないから
OutlinerでIntermediateをオフにした元オブジェクトを選択してから
body_cage
body_cageShape
body_cageShapeOrig
Mult-Cutで割りを修正〜っと
さて・・・今度はこの元オブジェクトにヒストリが残ってしまったわけだけど・・・
今の元オブジェクトのコネクションを見るとこんな感じかぁ
今編集した元オブジェクト
そう言えばソースもデスティネーションにもヒストリがある場合にヒストリの削除を実行したらどうなるんだろう？

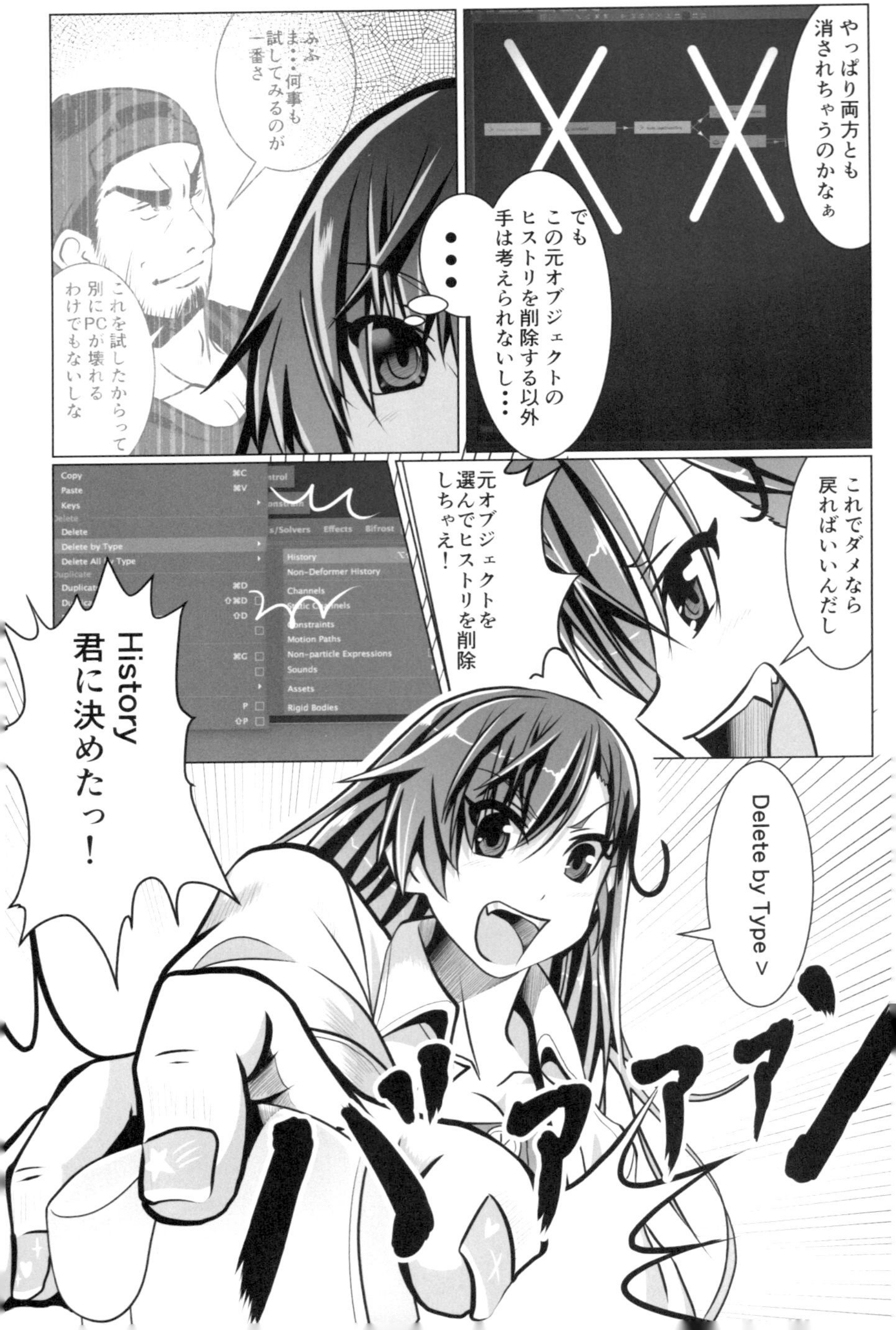

やっぱり両方とも消されちゃうのかなぁ
でも この元オブジェクトのヒストリを削除する以外手は考えられないし…
…
ふふ ま…何事も試してみるのが一番さ
これを試したからって別にPCが壊れるわけでもないしな
これでダメなら戻ればいいんだし
元オブジェクトを選んでヒストリを削除しちゃえ！
Copy
Paste
Keys
Delete
Delete by Type
History
Non-Deformer History
Channels
Constraints
Motion Paths
Non-particle Expressions
Sounds
Assets
Rigid Bodies
Delete by Type >
History 君に決めたっ！
バアアーン

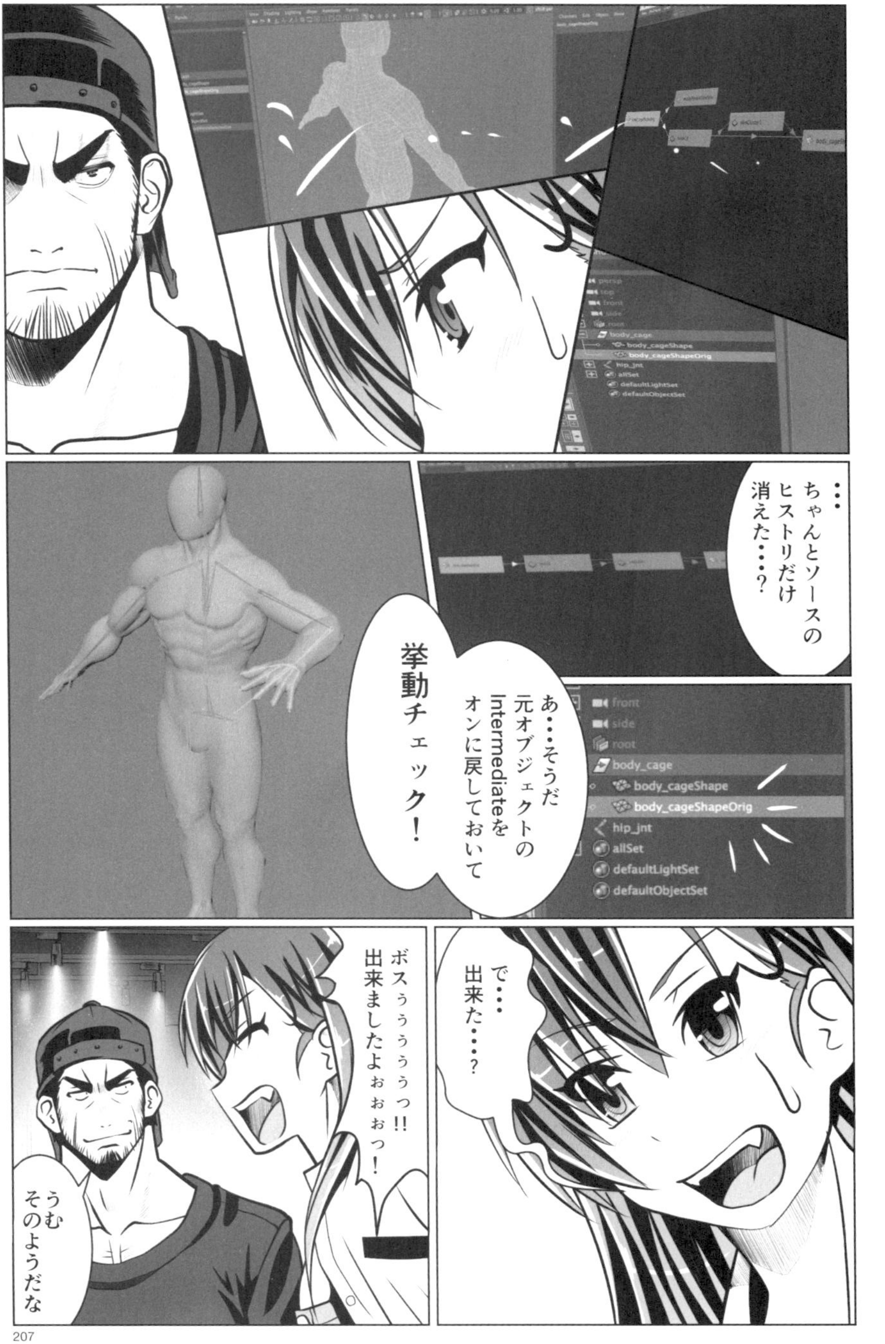
persp
top
front
side
root
body_cage
body_cageShape
body_cageShapeOrig
hip_jnt
allSet
defaultLightSet
defaultObjectSet
・・ちゃんとソースのヒストリだけ消えた・・・?
あ・・・そうだ 元オブジェクトの Intermediateを オンに戻しておいて
挙動チェック!
front
side
root
body_cage
body_cageShape
body_cageShapeOrig
hip_jnt
allSet
defaultLightSet
defaultObjectSet
で・・・ 出来た・・・?
ボスぅぅぅぅっ!! 出来ましたよぉぉぉっ!
うむ そのようだな

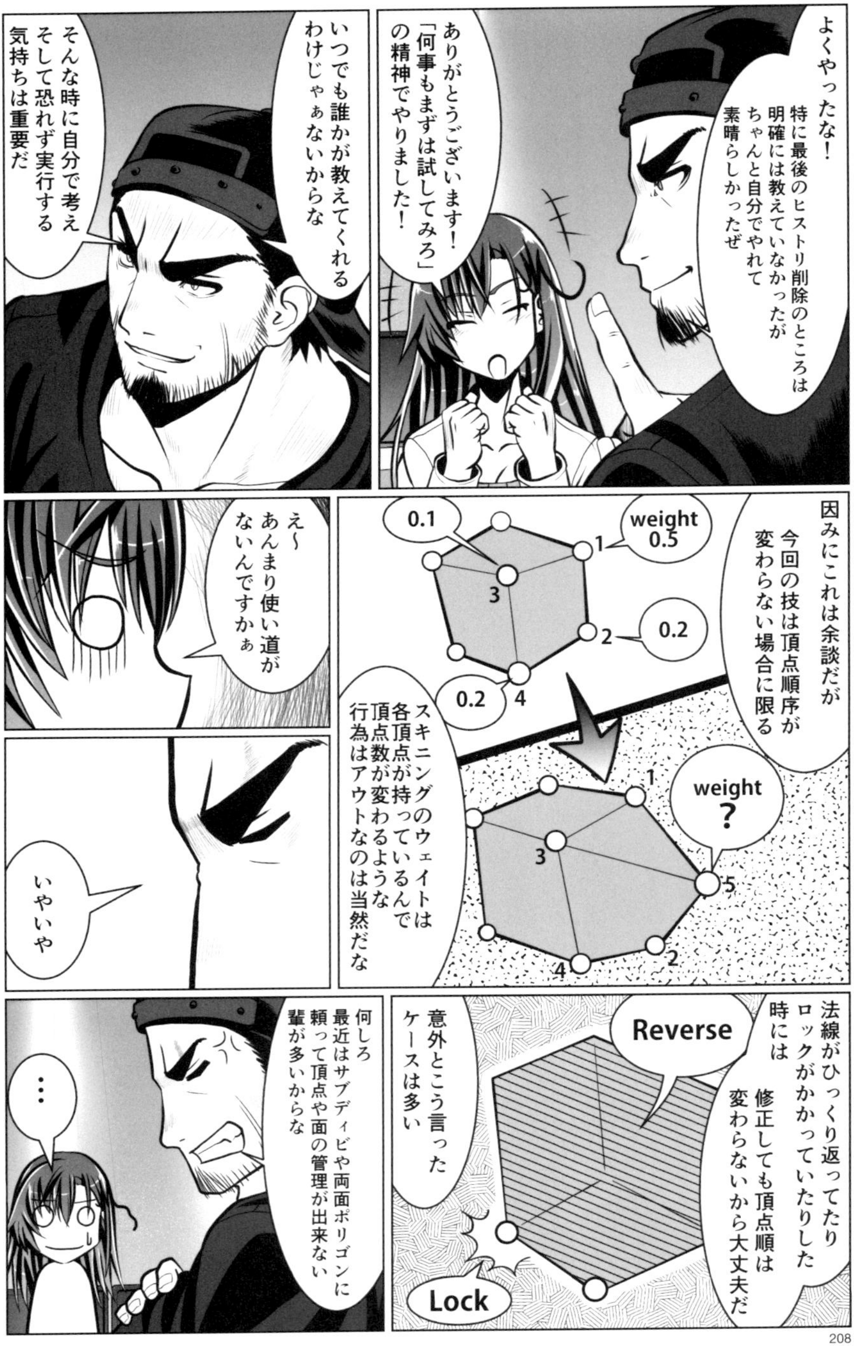
よくやったな！
特に最後のヒストリ削除のところは明確には教えていなかったがちゃんと自分でやれて素晴らしかったぜ
ありがとうございます！「何事もまずは試してみろ」の精神でやりました！
いつでも誰かが教えてくれるわけじゃぁないからな
そんな時に自分で考えそして恐れず実行する気持ちは重要だ
因みにこれは余談だが今回の技は頂点順序が変わらない場合に限る
weight 0.5
1
0.1
3
2
0.2
0.2
4
weight ?
1
3
5
2
4
スキニングのウェイトは各頂点が持っているんで頂点数が変わるような行為はアウトなのは当然だな
え～あんまり使い道がないんですかぁ
いやいや
法線がひっくり返ってたりロックがかかっていたりした時には修正しても頂点順は変わらないから大丈夫だ
Reverse
Lock
意外とこう言ったケースは多い
何しろ最近はサブディビや両面ポリゴンに頼って頂点や面の管理が出来ない輩が多いからな
…

兎にも角にも
とりあえずこれにて今回の
レッスンは全て終了だ！
イヤッフゥウゥウっ！
遂に終わったぁぁぁ！
んで
どうだった？
一通りやってみた
感想は？
いやぁぁ
何か今までと見える
世界が変わったと言うか
Mayaって
こんなに体系付けられて
出来ていたなんて知って
ビックリしました！
でもお陰で
今まで何となくやっていた事の
裏側がわかるようになって
きましたよ！
これで私も
ちょっとした
Mayaマスター!?
なんてね♡

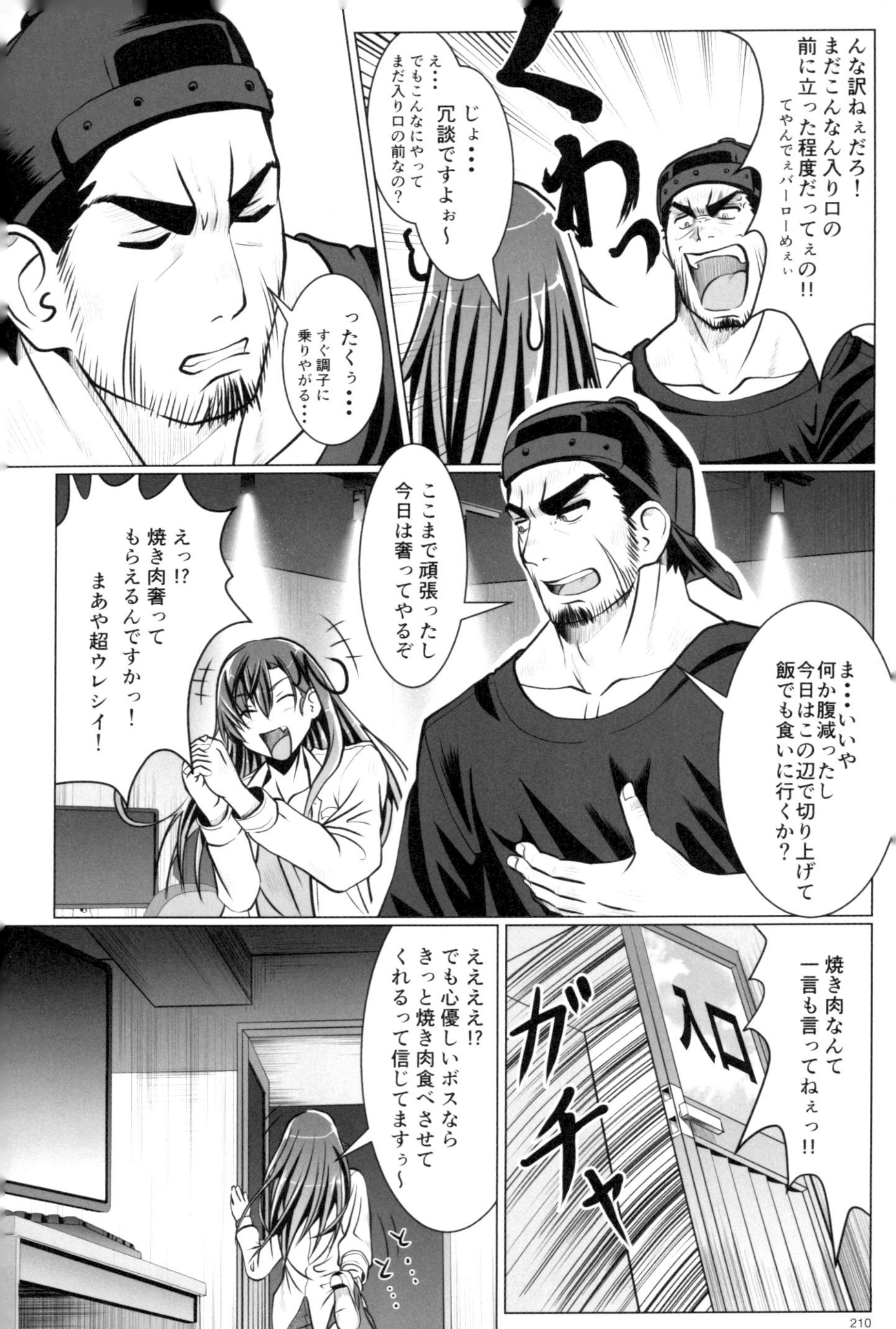
くわっ
んな訳ねぇだろ！まだこんなん入り口の前に立った程度だってぇの!!
てやんでぇバーローめぇぃ
じょ・・・冗談ですよぉ～
え・・・でもこんなにやってまだ入り口の前なの？
ったくぅ・・・
すぐ調子に乗りやがる・・・
ま・・・いいや何か腹減ったし今日はこの辺で切り上げて飯でも食いに行くか？
ここまで頑張ったし今日は奢ってやるぞ
えっ!?焼き肉奢ってもらえるんですかっ！まあや超ウレシイ！
焼き肉なんて一言も言ってねぇっ!!
ガチャ
入口
えええええ!?でも心優しいボスならきっと焼き肉食べさせてくれるって信じてますぅ～
と・・・と・・・

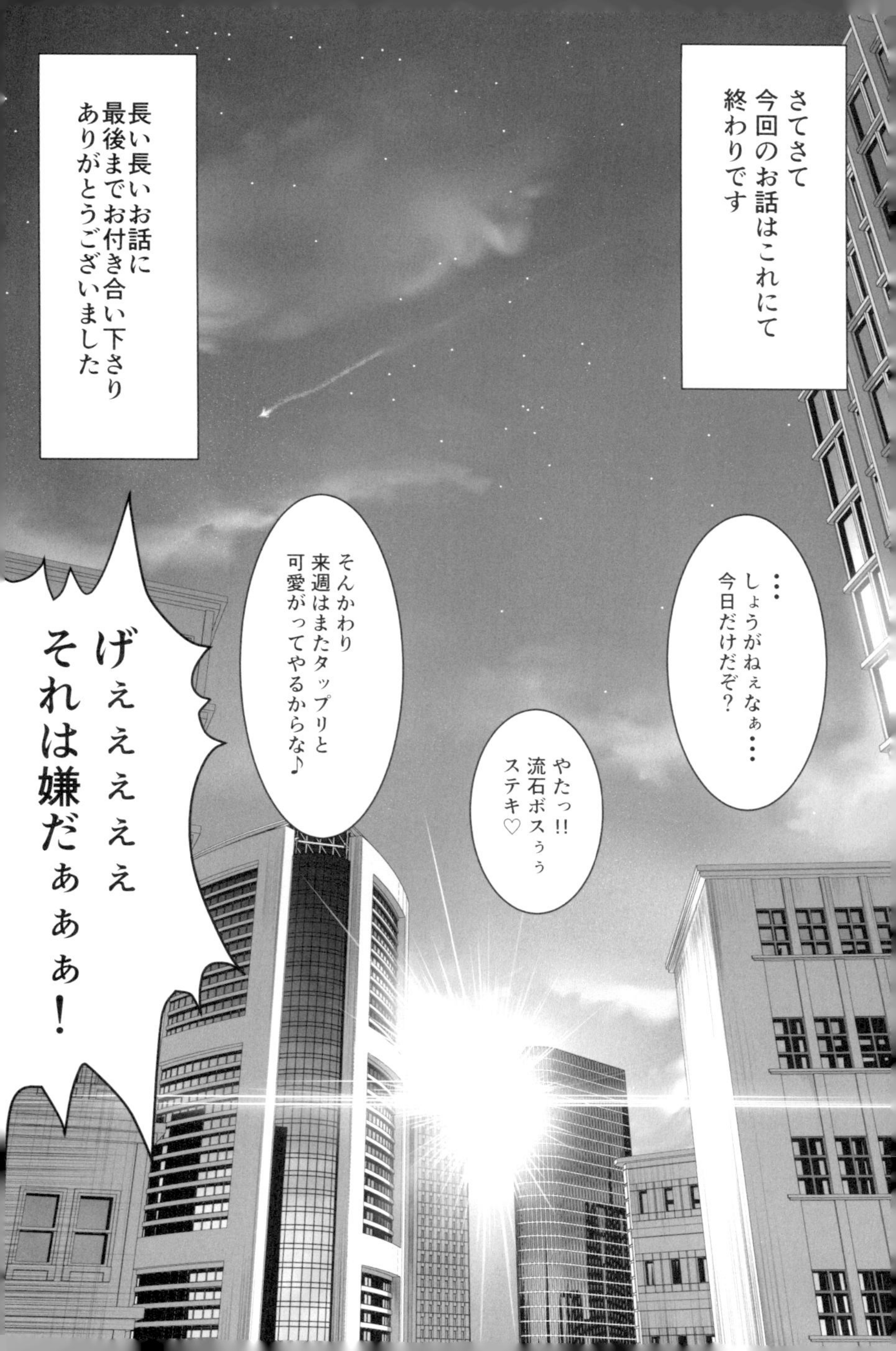
さてさて
今回のお話はこれにて
終わりです
・・・
しょうがねぇなぁ・・・
今日だけだぞ?
やたっ!!
流石ボスぅぅ
ステキ♡
そんかわり
来週はまたタップリと
可愛がってやるからな♪
げえええええ
それは嫌だあああ!
長い長いお話に
最後までお付き合い下さり
ありがとうございました

今回はMayaのDAGとDGを中心に
Mayaの根幹となる部分を
説明しました
Mayaは今となっては大変古いソフトと
なってしまいましたが
昨今のオブジェクト指向ソフトのはしりと
なった堅牢でシンプルな作りは
仕組みを知ることによって様々なアイディアを
実現できる面白さがあると思います
本書は実践的な内容ではありませんでしたが
今後Mayaで作業する上できっと何かの助けに
なると信じています
入口
以上をもちまして
今回の締めくくりと
致します
それでは皆さん
良いMayaライフをっ！
AUTODESK MAYA 2016

あとがき

マヤ道を最後までお読み頂きありがとうございました。
Mayaの仕組み（＋ちょっと骨とかスキンとか）を漫画で説明するという試みは、
果たして上手くいったでしょうか？
漫画として執筆するにあたって、絵が多くなることで内容が薄くなっては意味がないので、
できるだけページ数に見合った内容になるように吟味して描いたつもりですが、
如何でしょうか？
本書最大の狙いは「何度も繰り返し読める」こと。何度も読んで頂き、
少しでもMayaを使用する上での助けになればこれ以上の幸せはありません。

最後に、漫画で出したいと言う小生の意見を通して頂き、こうして出版する機会を作って
頂いたボーンデジタルの皆様方。
本書のサンプルとして何度も登場したグーニーズマンの使用を快諾してくれた
スタジオグーニーズさま。
冒頭で登場したり、セミナーでもお世話になったポチくんのCGモデルを作成してくれた
同社伊藤ちゃん。
そして200ページにわたって延々とトーン張り、背景作画の手伝い、
さらには力強い題字まで書いてくれたKa=Lさん。
お陰様でこうして出版まで漕ぎ着けることが出来ました、
本当にありがとうございました。

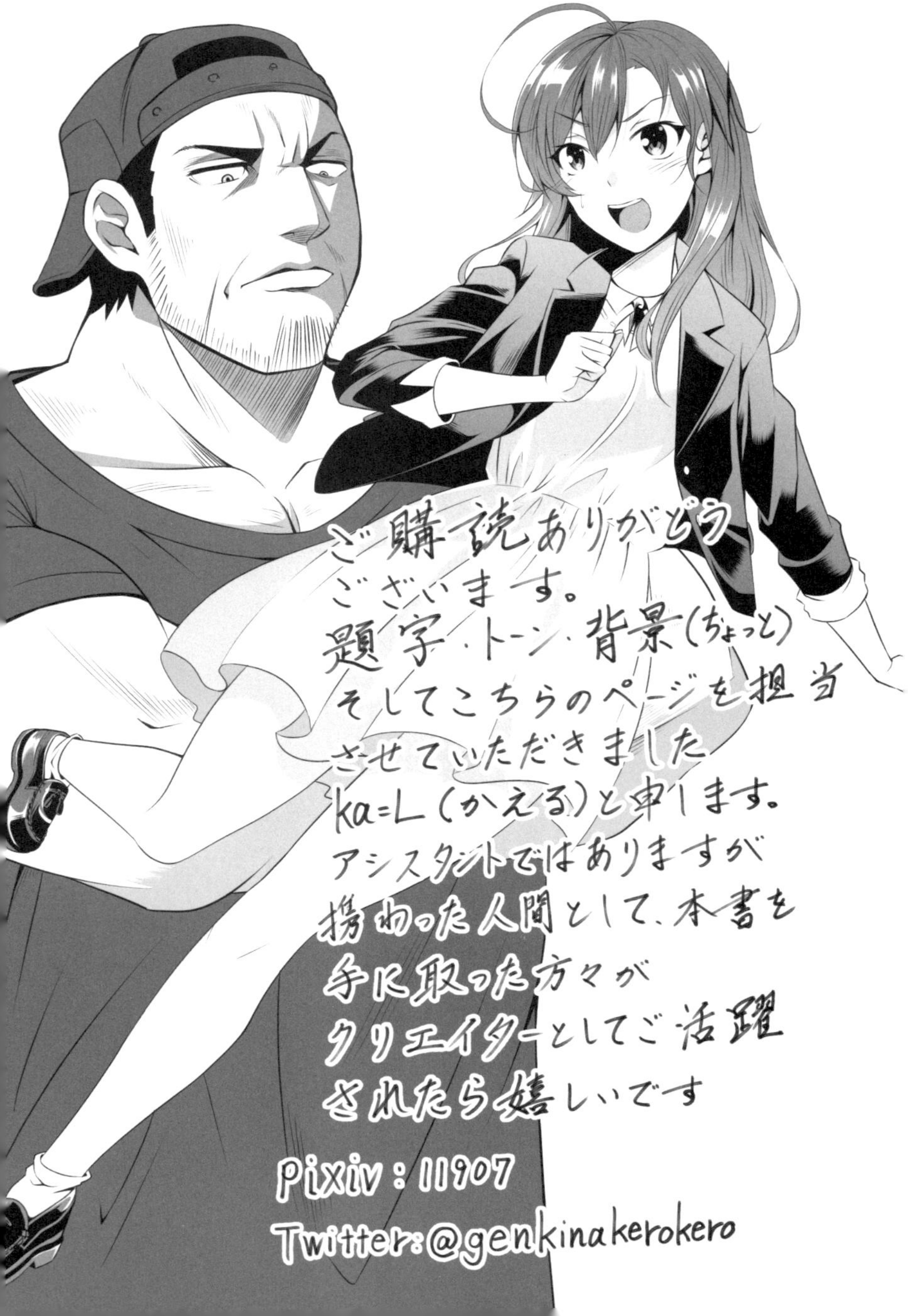
ご購読ありがとう
ございます。
題字・トーン・背景（ちょっと）
そしてこちらのページを担当
させていただきました
ka=L（かえる）と申します。
アシスタントではありますが
携わった人間として、本書を
手に取った方々が
クリエイターとしてご活躍
されたら嬉しいです
Pixiv：11907
Twitter:@genkinakerokero

索引

英数字

- Attribute　22
- Automatically Orient Joints　90
- Behavior　87
- Bind method　112
- Bind Skin　110
- Classic Linear　117
- Closest in Hierarchy　113, 128
- Connection Editor　26
- DAG　23
- defaultResolution　21
- Dependency Graph　25, 152
- DG　25
- Directed Acyclic Graph　23
- Dual Quaternion　117
- Geodesic Voxel　113, 128
- Hammer Skin Weights　131, 132
- Heat Map　113, 128
- Hypergraph
    - Connectionモード　28
- Intermediate Object　175, 180
    - シェーダ　189
    - ヒストリ　195
- inverseScale　57
- Joint hierarchy　111
- jointOrientアトリビュート　55
- Keyableアトリビュート　27
- Local Rotate Pivot　40
- Local Scale Pivot　40
- Maintain max influences　124
- MELスクリプト　30
- meshノード　164, 171
- Mirror Function　87
- Modeling Toolkit　100
- Node　22
- Node Editor　154
    - 表示　156, 163
- Normalize weight　122
- Orient Joint　73
- Orientation　87
- Paint Skin Weight Tool　133
- polyTweak　193
- Preserve Children　80
- Pythonスクリプト　30
- rotatePivotアトリビュート　40
- Rotateツール　80
- scalePivotアトリビュート　40
- Segment Scale Compensate　62
- Selected joints　111
- Shape　35, 155, 167, 177
- Skinning method　117
- TransformGeometryノード　44
- transformノード　35, 155, 167
    - 相対位置　37
- Weight distribution　123

あ

- 圧縮と伸張　58
- アトリビュート　22, 30
- 一体成形　98
- インスタンス　166
- インバーススケール　57
- インフルエンス　138
    - ウェイト　122
- ウェイト
    - ノーマライズ　122
- ウェイト調整　94, 131
- エンドジョイント　76
- 親からの相対位置　37
- 親子関係　23

か

- 逆スケール　57
- 行列　64
- グラフ　158
- グループ　35
- ケージ　95, 136
- コネクション　28
- コラム
    - 英語版vs日本語版　176
    - 恐怖のAutomatically Orient Joints　90
    - 行列こぼれ話　62
    - 頂点選択を極める　146
    - ノードとアトリビュート　30
- コントローラ　107

さ

- 作成
    - ノード　160
- シェイプ　35, 155, 177
- シェーダ
    - Intermediate Object　189
- ジオメトリ
    - 結合　98
- 軸
    - ジョイント　56
- 出力アトリビュート　157
- ジョイント　52
    - 逆スケール　57
    - 軸　56, 72
    - スケール　57
    - 配置　69
    - ピボット　53
    - フリーズ　56
    - ペアレント化　61
    - ルール　71
- ジョイントチェーン　52
- スキニング　106
    - ウェイト　122
- スキニングとコントローラ　142
- スクアッシュ&ストレッチ　58
- スクリプト　143
- スケール
    - ジョイント　57
- スケルトン　52
- 選択状態　187
- 相対位置　37
- ソース　157, 172

た

- 頂点
    - 数値　191
- 頂点の数字　192
- デスティネーション　157, 172
- デフォーム　107

な

- 名前付け　84
- 入力アトリビュート　157
- ヌル　35
- ノード　19, 22, 30
    - 作成　160

は

- バインド　93, 107
    - Falloff　125
- バインドオプション　110
- ハンマーツール　132
- ヒストリ　150, 187
- ピボット　40
    - ジョイント　53
- フリーズ　42, 48
    - transformノード　43
- ペアレント化　38
- ボクセル　116

ま

- ミラーリング　87
- 命名規則　84

ら

- ラップ　96
- リネーム　143
- ロケータ　47
    - フリーズ　49

わ

- 割り　98

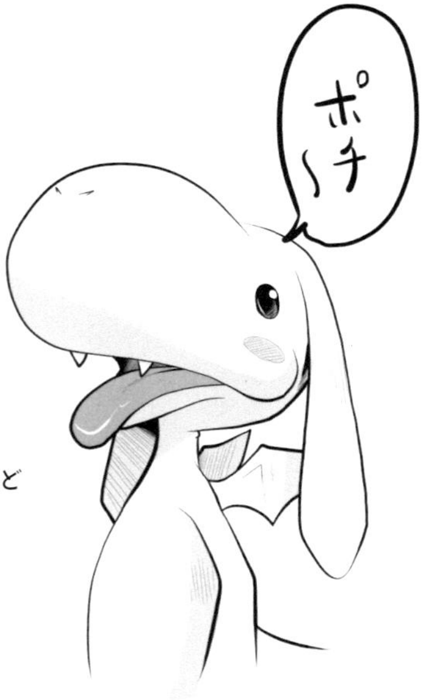

Eske Yoshinob

2001年から大阪のゲームプロダクションに勤務。
2006年からSquare EnixのVisual Worksで
セットアップ、ツール開発としての参加を経て、
2009年からフリーに転向。
ポケモンカード、ガンダム等のイラスト制作、
フリーのテクニカルアーティスト、CGコンサルタントなど
雑多に活動中。

HP: http://melpy-studio.com
Blog: http://melpystudio.blog82.fc2.com

マヤ道！！ THE ROAD OF MAYA

2016年12月25日　初版第1刷 発行
2018年　5月25日　初版第2刷 発行

著　　者：Eske Yoshinob
発 行 人：村上 徹
編　　集：平谷 早苗
発　　行：株式会社 ボーンデジタル
〒102-0074
東京都千代田区九段南 1-5-5
九段サウスサイドスクエア
Tel：03-5215-8671　Fax：03-5215-8667
www.borndigital.co.jp/book/
E-mail：info@borndigital.co.jp

レイアウト：中江 亜紀（株式会社 Bスプラウト）
印刷・製本：株式会社 東京印書館

ISBN：978-4-86246-329-6
Printed in Japan